国家示范院校重点建设专业

数控技术专业课程改革系列教材

数控机床电气控制

◎主　编　张　宁　汪永华
◎副主编　蒋永明　彭　伟　马光胜
◎参　编　杨文杰　贾　芸　曹文霞
汤　萍　王贤虎　缪传彬
朱颖志　陶小川　黄　皖
◎主　审　陶有抗　余承辉

中国水利水电出版社
www.waterpub.com.cn

内 容 提 要

本书是安徽水利水电职业技术学院国家示范院校重点建设专业——数控技术专业课程改革成果之一，内容包括变压器、三相异步电动机、直流电机、基本电气控制、机床电气控制等。

本书为高职高专、电大、职大、成人教育等院校机械类、机电类专业的通用教材，也可作为工程技术人员的参考书。

图书在版编目（CIP）数据

数控机床电气控制 / 张宁，汪永华主编. -- 北京 : 中国水利水电出版社，2010.3
（国家示范院校重点建设专业、数控技术专业课程改革系列教材）
ISBN 978-7-5084-7308-6

Ⅰ. ①数… Ⅱ. ①张… ②汪… Ⅲ. ①数控机床－电气控制－高等学校：技术学校－教材 Ⅳ. ①TG659

中国版本图书馆CIP数据核字(2010)第039542号

书　名	国家示范院校重点建设专业 数控技术专业课程改革系列教材 **数控机床电气控制**
作　者	主　编　张　宁　汪永华 副主编　蒋永明　彭　伟　马光胜 主　审　陶有抗　余承辉
出版发行	中国水利水电出版社 （北京市海淀区玉渊潭南路1号D座　100038） 网址：www.waterpub.com.cn E-mail：sales@waterpub.com.cn 电话：（010）68367658（营销中心）
经　售	北京科水图书销售中心（零售） 电话：（010）88383994、63202643 全国各地新华书店和相关出版物销售网点
排　版	中国水利水电出版社微机排版中心
印　刷	北京市地矿印刷厂
规　格	184mm×260mm　16开本　8.25印张　200千字
版　次	2010年3月第1版　2010年3月第1次印刷
印　数	0001—3000册
定　价	**18.00**元

前言

本书是安徽水利水电职业技术学院国家示范院校重点建设专业——数控技术专业课程改革成果之一，由该学院教师和企业工程技术人员共同编写。

根据国家教育部对职业教育的有关指示精神，经过对机械加工电气技术岗位人员能力要求的广泛调研，以及在专业建设委员会和企业工程技术人员、技术骨干的共同指导和参与下，制定了数控技术专业工学结合优质核心课程标准，为适应数控加工行业快速发展和高等职业院校数控技术专业教学改革的需要，以培养技能型人才为出发点，实现工学结合“教、学、做一体”的教学模式，经过充分研讨与论证，精心编写了本书。

本书以工学结合“教、学、做一体”，把知识点贯穿于项目的编写思路，以培养学生能力为重点，理论联系实际，体现学以致用的原则，应用性强。行文力求简练、易懂、图文并茂，使之更具直观性；在编辑的体系结构上，采用基于任务的教学体系结构，使学生在学习过程中更具连贯性、针对性和选择性。

本书分为变压器、三相异步电动机、直流电机、基本电气控制、机床电气控制 5 个项目，共 11 个任务。在项目中采用技能目标、知识要点、知识准备、任务实施等引导学生学习。

本书由张宁、汪永华任主编，蒋永明、彭伟、马光胜任副主编，由陶有抗、余承辉主审。参加编写的还有杨文杰、贾芸、曹文霞、汤萍、王贤虎、缪传彬、朱颖志、陶小川、黄皖等。在编写教材过程中还得到学院有关领导的指导和帮助，在此一并表示感谢。

由于编者水平有限，书中难免存在不足之处，恳请读者批评指正。

编者

2010 年 1 月

目录

项目1 变 压 器

变压器是一种静止的电器，是根据电磁感应原理工作的，它可以把一种等级的交流电压或电流变换为频率相同、数值不同的另一种等级的交流电压或电流。因其主要用途是变换电压，故称之为变压器。

在电力系统中，变压器起着重要的作用。要将大功率的电能从发电厂（站）输送到远距离的用电区，需要用升压变压器把发电机发出的电压升高，再经过高压线路进行传输，以降低线路损耗；然后再用降压变压器逐步将输电电压降到配电电压，供用户使用。另外，变压器在其他领域也得到广泛的应用，如电子技术、测试技术、焊接技术等领域。

任务1.1 变压器的检查与维护

1.1.1 技能目标

（1）掌握单相变压器电路的基础理论知识。

（2）掌握三相变压器电路的基础理论知识。

1.1.2 知识要点

（1）变压器的基本原理；掌握变压器的主要结构及其作用；理解变压器铭牌数据的意义。

（2）单相变压器空载和负载运行时的各主要物理量 U_1、E_1、Φ_0、I_0 间的因果关系。

（3）变压器绕组折算的目的、原则和方法。

（4）分析变压器运行的三个工具，即基本方程式、等效电路和相量图。

（5）变压器的运行特性——外特性和效率特性。

1.1.3 知识准备

1.1.3.1 变压器的基本结构和分类

1. 基本结构

变压器作为一种静止的电气设备，其基本结构主要由两部分组成：①铁芯——变压器的磁路；②绕组——变压器的电路。此外，还装有其他附件，对于不同种类的变压器，其结构也各不相同。下面着重介绍变压器铁芯和绕组的基本结构。

（1）铁芯。铁芯是变压器的磁路部分，同时作为变压器的机械骨架。铁芯由铁芯柱和铁轭两部分组成，铁芯柱上套装变压器绕组，铁轭起连接铁芯柱使磁路闭合的作用。对铁芯的要求是导磁性能要好，磁滞及涡流损耗要尽量小，因此铁芯一般采用厚度为0.3mm左右的硅钢片制成。国产硅钢片有热轧硅钢片和冷轧硅钢片。20世纪60～70年代我国生产的电力变压器铁芯主要采用热轧硅钢片，由于其铁损耗较大，导磁性能相应的比较差，且铁芯叠装系数低（因硅钢片两面均涂有绝缘漆），现已不用。目前国产变压器铁芯主要采用冷硅钢片，其铁损耗低，且铁芯叠装系数高（因硅钢片表面有氧化膜绝缘，不必再涂绝缘漆）。随着新材料的出现，非晶合金材料正广泛应用于变压器和磁路。

根据铁芯的结构形式，变压器可分为壳式变压器和心式变压器两大类。壳式变压器是铁轭包围绕组的顶面、底面和侧面，在中间的铁芯柱上放置绕组，形成铁芯包围绕组的形状，如图 1.1 所示。图 1.1（*a*）为单相壳式变压器，图 1.1（*b*）为三相壳式变压器。心式变压器是在铁芯的铁芯柱上放置绕组，形成绕组包围铁芯的形状，而铁轭只靠着绕组的顶面和底面，如图 1.2 所示。图 1.2（*a*）为单相心式变压器，图 1.2（*b*）为三相心式变压器。壳式结构的铁芯机械强度较高，但制造工艺复杂，用材较多，通常用于低压、大电流的变压器或小容量的电源变压器。心式结构比较简单，绕组的装配及绝缘也较容易，国产电力变压器均采用心式结构。

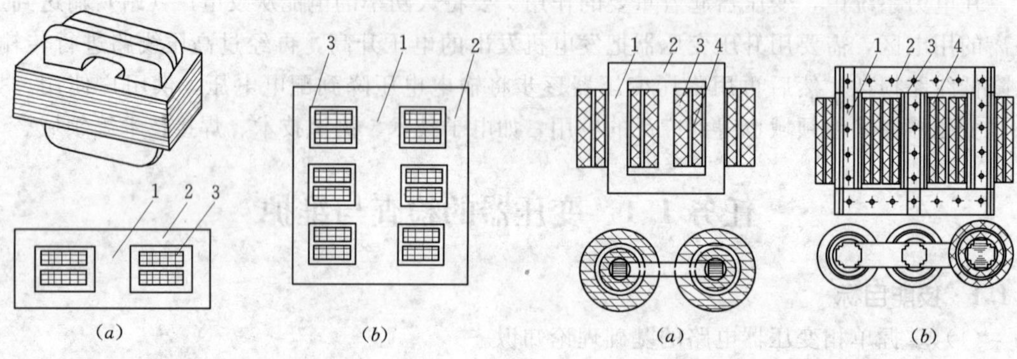

图 1.1　壳式变压器

（*a*）单相壳式变压器；（*b*）三相壳式变压器

1—铁芯柱；2—铁轭；3—绕组

图 1.2　心式变压器

（*a*）单相心式变压器；（*b*）三相心式变压器

1—铁芯柱；2—铁轭；3—高压绕组；4—低压绕组

（2）绕组。绕组是变压器的电路部分，一般用漆包圆铜线或具有绝缘的扁铜线绕制而成。接于高压电网的绕组称为高压绕组；接于低压电网的绕组称为低压绕组。根据高、低压绕组的相对位置，绕组可分为同心式和交叠式两种类型。

同心式绕组的高、低压绕组同心地套在铁芯柱上，如图 1.2 所示。为便于绝缘，一般低压绕组套在里面，但对大容量的低压大电流变压器，由于低压绕组引出线的工艺困难，往往把低压绕组套在高压绕组外面。高低压绕组与铁芯柱之间都留有一定的绝缘间隙，并以绝缘纸筒隔开。同心式绕组结构简单，制造方便，国产电力变压器均采用这种结构。在中小型电力变压器中，常见的同心式绕组形式有圆筒式、螺旋式、连续式和纠结式等。

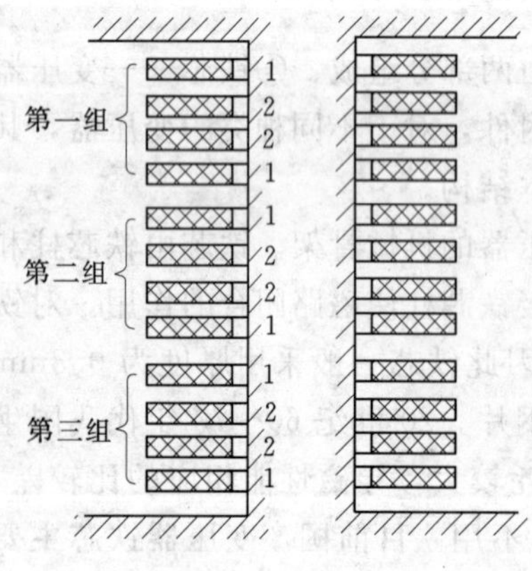

图 1.3　交叠式绕组

1—低压绕组；2—高压绕组

交叠式绕组是将高压绕组及低压绕组分成为若干个线饼，交替地套在铁芯柱上，为了便于绝缘靠近上下铁轭的两端一般都放置低压绕组，如图 1.3 所示，又称为饼式绕组。高、底压绕组之间的间隙较多，绝缘比较复杂，主要用于特种变压器中。这种绕组漏抗小，机械强度高，但高低压绕组之间的绝缘比较复杂。一般用于低电压大电流的变压器上，如电炉变压器、电焊变压器等。

2．分类和用途

（1）分类。变压器种类很多，通常可按其用途、

绕组数目、铁芯结构、相数和冷却方式等进行分类。

1）按用途分类。有用于电力系统升、降压的电力变压器；有以电流为特征的变压器，如电焊变压器、电炉变压器和整流变压器等；以传递信息和供测量用的变压器，如电磁传感器、电压互感器和电流互感器等；在自控系统中还有脉冲变压器，音频和变频变压器等多种特殊变压器。

2）按绕组数目分类。可分为电力系统中最常用的两绕组变压器、用以连接三种不同电压输电线的大容量三绕组变压器以及用在电压等级变化较小场合的自耦变压器等。

3）按铁芯结构分类。可分为心式变压器、壳式变压器。

4）按相数分类。可分为单相变压器、三相变压器和多相变压器等。

5）按冷却方式分类。可分为干式变压器、油浸自冷变压器、油浸风冷变压器、充气式变压器和强迫油循环变压器等。

（2）用途。在电力系统中，变压器是一种非常重要的电气设备。由发电厂发出的电能在向用户输送过程中，通常需用很长的输电线，输电线路上的电压越高，则流过输电线路中的电流就越小。这不仅可以减小输电线路的截面积，节约导体材料，同时还可减小输电线路上的功率损耗。因此，目前世界各国在电能的输送与分配方面都朝建立高电压、大功率的电力网系统方向发展，以便集中输送，统一调度与分配电能。这就促使输电线路的电压由高压（110～220kV）向超高压（330～750kV）和特高压（750kV 以上）不断升级。目前，我国高压输电的电压等级有 110kV、220kV、330kV 及 500kV 等多种。发电机本身由于其结构及所用绝缘材料的限制，不可能直接发出这样的高压，因此在输电时必须首先通过升压变电站，利用变压器将电压升高，再进行输送。

高压电能输送到用电区域后，为了保证用电安全和符合用电设备的电压等级要求，还必须经过各级降压变电站，通过变压器进行降压。例如工厂输、配电线路的高压有 35kV 及 10kV 等电压等级，低压有 380V、220V、110V 等电压等级。

综上所述，变压器在输、配电系统中起着非常重要的作用。在其他需要特种电源的工业企业中，变压器的应用也很广泛，如供电给整流设备、电炉等，此外在试验设备、测量设备和控制设备中也应用着各种类型的变压器。

3. 铭牌数据

为保证变压器的正确使用，保证其正常工作，在每台变压器的外壳上都附有铭牌，标志其型号和主要参数。变压器的铭牌数据主要有以下几项。

（1）额定容量 S_N。在铭牌上所规定的额定状态下变压器输出能力（视在功率）的保证值，称为变压器的额定容量。单位以 VA、kVA 或 MVA 表示。对三相变压器，额定容量是指三相容量之和。

（2）额定电压 U_N。标志在铭牌上的各绕组在空载额定分接下端电压的保证值，单位以 V 或 kV 表示。对三相变压器，额定电压是指线电压。

（3）额定电流 I_N。根据额定容量和额定电压计算出的线电流称为额定电流，单位以 A 表示。

对单相变压器，一、二次绕组的额定电流为

$$I_{N1}=\frac{S_N}{U_{N1}};\ I_{N2}=\frac{S_N}{U_{N2}} \tag{1-1}$$

对三相变压器，一、二次绕组的额定电流为

$$I_{N1}=\frac{S_N}{\sqrt{3}U_{N1}};\ I_{N2}=\frac{S_N}{\sqrt{3}U_{N2}} \tag{1-2}$$

（4）额定频率 f_N。我国规定标准工业用电的频率为50Hz。

此外，额定运行时变压器的效率、温升等数据均为额定值。除额定值外，铭牌上还标有变压器的相数，连接方式与组别，运行方式（长期运行或短时运行）及冷却方式等。

1.1.3.2 单相变压器的工作原理

单相变压器是指接在单相交流电源上用来改变单相交流电压的变压器，其容量一般都比较小，主要用作控制及照明。它是利用电磁感应原理，将能量从一个绕组传输到另一个绕组而进行工作的。下面分别讨论单相变压器的两种不同工作情况。

1. 变压器的空载运行

变压器的一次绕组接在额定电压的交流电源上，而二次绕组开路时的运行状态称为变压器的空载运行。图1.4是单相变压器空载运行的示意图。u_1 为一次绕组电压，u_{02} 为二次绕组空载电压，N_1 和 N_2 分别为一次、二次绕组的匝数。

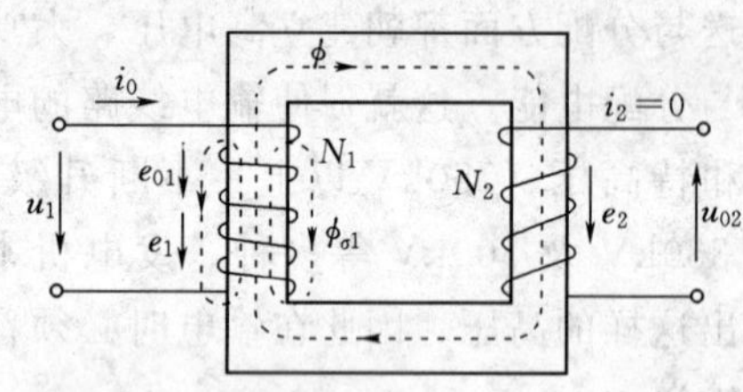

图1.4 单相变压器空载运行示意图

（1）变压器空载运行时各物理量的关系式。当变压器的一次绕组加上交流电压 u_1 时，一次绕组内便有一个交变电流 i_0 流过。由于二次绕组是开路的，二次绕组中没有电流。此时一次绕组中的电流 i_0 称为空载电流。同时在铁芯中产生交变磁通 Φ，其同时穿过变压器的一次、二次绕组，因此又称其为交变主磁通，即

$$\Phi=\Phi_m\sin\omega t \tag{1-3}$$

则变压器一次绕组的感应电动势为

$$e_1=-N_1\frac{d\Phi}{dt}=N_1\Phi_m\sin\left(\omega t-\frac{\pi}{2}\right)=2\pi f\Phi_m N_1\sin\left(\omega t-\frac{\pi}{2}\right) \tag{1-4}$$

式（1-4）表明，e_1 滞后于主磁通 $\frac{\pi}{2}$ 电角。其中 $2\pi f\Phi_m N_1$ 为感应电动势的最大值，用 E_{1m} 表示。把 E_{1m} 除以 $\sqrt{2}$，则可求出变压器一次绕组感应电动势的有效值为

$$E_1=4.44f\Phi_m N_1 \tag{1-5}$$

同理，变压器二次绕组感应电动势的有效值为

$$E_2=4.44f\Phi_m N_2 \tag{1-6}$$

若忽略一次绕组中的阻抗不计，则外加电压几乎全部用来平衡电动势，即

$$\dot{U}_1\approx-\dot{E}_1 \tag{1-7}$$

在数值上，则有

$$U_1\approx E_1 \tag{1-8}$$

变压器空载时，其二次绕组是开路的，没有电流流过，二次绕组的端电压 U_{02}、感应电动势 E_2 相等，则空载运行时二次侧电路电压平衡方程为

$$\dot{U}_{02}=\dot{E}_2 \tag{1-9}$$

在数值上，则有

$$U_{02}=E_2 \tag{1-10}$$

（2）变压器的电压变换。由式（1-5）和式（1-6）可见，由于变压器一次、二次绕组的匝数 N_1 和 N_2 不相等，因而 E_1 和 E_2 大小是不相等的，变压器输入电压 U_1 和变压器二次侧电压 U_2 的大小也不相等。

变压器一次、二次绕组电压之比为

$$\frac{U_1}{U_2}=\frac{E_1}{E_2}=\frac{N_1}{N_2}=K_u \tag{1-11}$$

式中：K_u 为变压器的变压比，这是变压器中最重要的参数之一。

由式（1-11）可见：变压器一次、二次绕组的电压与一次、二次绕组的匝数成正比，也即变压器有变换电压的作用。

由式（1-5）可知，对某台变压器而言，f 及 N_1 均为常数，因此当加在变压器上的交流电压有效值 U_1 恒定时，则变压器铁芯中的磁通 Φ_m 基本保持不变。

2. 变压器的负载运行

当变压器的二次绕组接上负载阻抗 Z_L，如图 1.5 所示，则变压器投入负载运行。这时，二次侧绕组中就有电流 I_2 流过，I_2 随负载的大小而变化，同时一次侧电流 I_1 也随之改变。变压器负载运行时的工作情况与空载运行时将发生显著变化。

（1）变压器负载运行时的磁动势平衡方程。二次绕组接上负载后，电动势 E_2 将在二次绕组中产生电流 I_2，同时一次绕组的电流从空载电流 I_0 相应地增大为电流 I_1，I_2 越大 I_1 也越大。

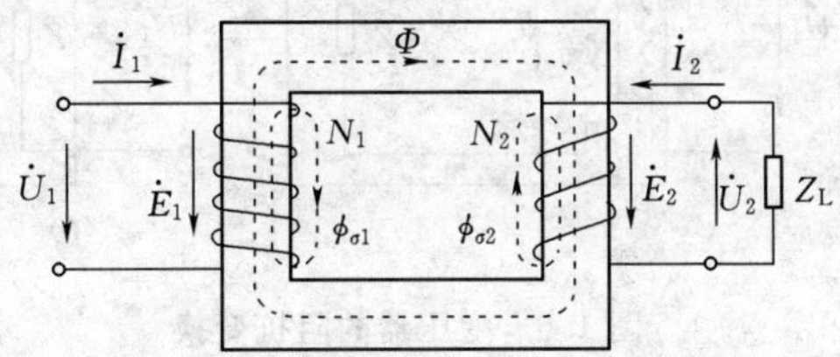

图 1.5　变压器负载运行示意图

从能量转换角度来看，二次绕组接上负载后，产生电流 I_2，二次绕组向负载输出电能。这些电能只能由一次绕组从电源吸取，通过主磁通 Φ 传递给二次绕组。二次绕组输出的电能越多，一次绕组吸取的电能也就越多。因此，二次侧电流变化时，一次侧电流也会相应变化。

从电磁关系的角度来看，二次绕组产生电流 I_2，二次侧的磁动势 N_2I_2 也要在铁芯中产生磁通，即这时铁芯中的主磁通是由一次、二次绕组共同产生的。N_2I_2 的出现，将有改变铁芯中原有主磁通的趋势。但是，在一次绕组的外加电压 U_1 及频率 f 不变的情况下，由式（1-5）和式（1-8）可知，主磁通基本上保持不变。因而一次绕组的电流由 I_0 变到 I_1，使一次绕组磁动势由 N_1I_0 变成 N_1I_1，以抵消 N_2I_2。由此可知，变压器负载运行时的总磁动势应与空载运行时的总磁动势基本相等，都为 N_1I_0，即

$$N_1\dot{I}_1+N_2\dot{I}_2=N_1\dot{I}_0$$

或

$$N_1\dot{I}_1=N_1\dot{I}_0-N_2\dot{I}_2 \tag{1-12}$$

式（1-12）称为变压器负载运行时的磁动势平衡方程。它说明有载时一次绕组建立的 $N_1\dot{I}_1$ 分为两部分：其一是 $N_1\dot{I}_1$，用来产生主磁通 Φ，其二是 $N_1\dot{I}_1$（或 $-N_2\dot{I}_2$），用来抵偿 $N_2\dot{I}_2$，从而保持磁通 Φ 基本不变。

(2) 变压器的电流变换。由于变压器的空载电流 $\dot{I}_0$ 很小，特别是在变压器接近满载时，$N_1\dot{I}_0$ 相对于 $N_1\dot{I}_1$ 或 $N_2\dot{I}_2$ 而言基本上可以忽略不计，于是可得变压器一次、二次绕组磁动势的有效值关系为

$$N_1 I_1 \approx N_2 I_2$$

即

$$\frac{I_1}{I_2} \approx \frac{N_2}{N_1} = \frac{1}{K_u} = K_i \tag{1-13}$$

式中：K_i 称为变压器的电流比或称变流比。

式（1-13）表明，变压器一次、二次绕组中的电流与一次、二次绕组的匝数成反比，即变压器也有变换电流的作用，且电流的大小与匝数成反比。因此，变压器的高压绕组匝数多，而通过的电流小，绕组所用的导线较细；反之低压绕组匝数少，通过的电流大，所用的导线较粗。

3. 变压器的匹配运行

变压器不但能具有电压变换和电流变换的作用，还具有阻抗变换的作用，如图 1.6 所示。

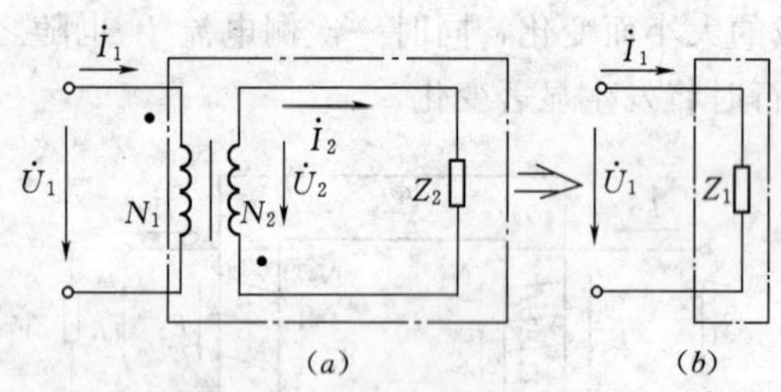

图 1.6 变压器的阻抗变换

(a) 变压器的电路；(b) 等效电路

变压器的阻抗变换是通过改变变压器的电压比 K_u 来实现的。当变压器二次绕组接上阻抗为 Z 的负载后，根据图 1.6 所示，阻抗 Z_1 为

$$Z_1 = \frac{U_1}{I_1} \tag{1-14}$$

从变压器的二次侧来看，阻抗 Z_2 为

$$Z_2 = \frac{U_2}{I_2} \tag{1-15}$$

由此可得变压器一次、二次侧的阻抗比为

$$\frac{Z_1}{Z_2} = \frac{U_1}{I_1}\frac{I_2}{U_2} = \frac{U_1}{U_2}\frac{I_2}{I_1} = K_u^2 = \left(\frac{N_1}{N_2}\right)^2 \tag{1-16}$$

由式（1-16）可知：

(1) 只要改变变压器一次、二次绕组的匝数比，就可以改变变压器一次、二次侧的阻抗比，从而获得所需的阻抗匹配。

(2) 接在变压器二次侧的负载阻抗 Z_2 对变压器一次侧的影响可以用一个接在变压器一次侧的等效阻抗 $Z_1 = K_u^2 Z_2$ 来代替，代替后变压器一次侧的电流 I_1 不变。

在电子线路中，为了获得较大的功率输出，往往对输出电路的输出阻抗与所接的负载阻抗之间有一定的要求。例如，对音响设备来讲，为了能在扬声器中获得最好的音响效果（获得最大的功率输出），要求音响设备输出的阻抗与扬声器的阻抗尽量相等。但实际上扬声器的阻抗往往只有几欧到十几欧，而音响设备等信号的输出阻抗往往很大，达到几百欧甚至几千欧以上，因此通常在两者之间加接一个变压器（称为输出变压器、线接变压器）来达到阻抗匹配的目的。

【例 1.1】 已知某音响设备输出电路的输出阻抗为 320Ω，接去的扬声器阻抗为 5Ω，现在需要接一输出变压器使两者实现阻抗匹配，试求：

(1) 该变压器的变压比 K_u。

（2）若该变压器一次绕组匝数为 480 匝，问二次绕组匝数为多少？

解　（1）根据已知条件，输出变压器一次绕组的阻抗 $Z_1=320\Omega$，二次绕组的阻抗 $Z_2=5\Omega$。由式（1-16）得变压器的变压比

$$K_u=\sqrt{\frac{Z_1}{Z_2}}=\sqrt{\frac{320}{5}}=8$$

（2）由式（2-11）得

$$K_u=\frac{N_1}{N_2}$$

则变压器二次绕组匝数为

$$N_2=\frac{N_1}{K_u}=\frac{480}{8}=60\text{（匝）}$$

1.1.3.3　变压器的工作特性

在实际应用中要正确、合理地使用变压器，需了解其运行时的工作特性及性能指标。变压器的工作特性主要有：

（1）外特性。是指电源电压和负载的功率因数为常数时，二次侧端电压随负载电流变化的规律，即 $U_2=f(I_2)$。

（2）效率特性。是指电源电压和负载的功率因数为常数时，变压器的效率随负载电源变化的规律，即 $\eta=f(I_2)$。

变压器的电压调整率和效率体现了这两种工作特性，而且是变压器的主要性能指标。下面分别加以讨论。

1. 变压器的外特性和电压调整率

变压器负载运行时，一方面，由于变压器内部存在电阻和漏抗，故当二次绕组中流过负载电流时，变压器的二次绕组将产生阻抗压降，使二次侧端电压随负载电流的变化而变化；另一方面，由于一次绕组电流随二次绕组电流的变化而变化，故使一次绕组漏阻抗上的压降也相应改变，一次绕组电动势和二次绕组电动势也会有所改变，这也会影响二次绕组输出电压的大小。

变压器负载运行时的外特性 $U_2=f(I_2)$ 可以通过实验的方法进行绘制，如图 1.7 所示。由图可知，当负载的功率因数 $\cos\varphi_2=1.0$ 时，U_2 随 I_2 的增加而下降得并不多；当功率因数 $\cos\varphi_2$ 降低时，即在纯电阻和感性负载时，U_2 随着 I_2 增加而下降的程度加大，这是因为滞后的无功电流对变压器磁路中的主磁通的去磁作用更为显著，而使 E_1 和 E_2 有所下降的缘故；但当 $\cos\varphi_2$ 为负值时，即在容性负载时，超前的无功电流有助磁作用，主磁通会有所增加，E_1 和 E_2 亦会相应加大，使得 U_2 会跟随 I_2 的增大而增大，外特性上翘。以上表明，负载的功率因数对变压器外特性的影响是很大的。

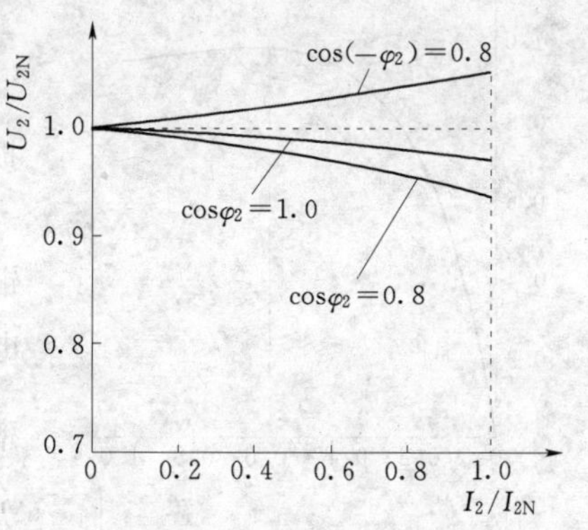

图 1.7　变压器的外特性

在图 1.7 中，纵坐标用$\frac{U_2}{U_{2N}}$之比表示，横坐标用$\frac{I_2}{I_{2N}}$之比表示，使得在坐标轴上的数值都在 0～1.0

之间或稍大于1.0，这样做是为了便于不同容量和不同电压的变压器相互比较。

变压器的负载一般多为感性负载，因此当负载增大时，变压器的二次绕组电压总是下降的，其下降的程度常用电压调整率来描述。

电压调整率是指当变压器的一次侧接在额定频率额定电压的电网上，负载的功率因数为常数时，变压器空载与负载时二次侧端电压变化的相对值，用ΔU来表示，即

$$\Delta U=\frac{U_{2N}-U_2}{U_{2N}}\times 100\% \tag{1-17}$$

式中：U_{2N}为变压器空载时二次绕组的额定电压；U_2为二次绕组输出额定电流时的电压。

电压调整率反映了供电电压的稳定性，是变压器的一个重要性能指标。ΔU越小，说明变压器二次绕组输出的电压越稳定，因此要求变压器的ΔU越小越好。常用的电力变压器从空载到满载，电压变化率约为3%～5%。

2. 变压器的损耗与效率

变压器在能量传递过程中会产生损耗。变压器的损耗是指从电源输入的有功功率P_1与向负载输出的有功功率P_2之差，即$\Delta P_{损耗}=P_1-P_2$。损耗主要包括铜损耗和铁损耗两部分。

（1）铜损耗P_{Cu}。变压器的铜损耗包括基本铜损耗和附加铜损耗两部分。

基本铜损耗是电流在绕组中产生的直流电阻损耗。附加投损耗包括因集肤效应、倒替中电流分布不均匀而使电阻变大所增加的铜耗以及漏磁通在结构部件中引起的涡流损耗等。在中小型变压器中，附加铜损耗为基本铜损耗的0.5%～5%，在大型变压器中则达到10%～20%。这些损耗都与负载电流的平方成正比，因此铜损耗又称为“可变损耗”。

（2）铁损耗P_{Fe}。变压器的铁损耗也包括基本铁损耗和附加铁损耗两部分。

基本铁耗是变压器铁芯中的磁滞和涡流损耗。磁滞损耗与硅钢片材料的性质、磁通密度的最大值以及频率有关。涡流损耗与硅钢片的厚度 、电阻率、磁通密度的最大值以及频率有关。附加铁损耗包括铁芯叠片间由于绝缘损伤而引起的涡流损耗等。附加铁损耗难以准确计算，一般取基本铁损耗的15%～20%。变压器的铁损耗与一次绕组所加电压大小有关，当电源电压一定时，铁损耗基本不变，因此铁损耗又称为“不变损耗”。

（3）效率。变压器的效率η是指变压器的输出功率P_2与输入功率P_1之比，用百分数表示，即

$$\eta=\frac{P_2}{P_1}\times 100\%=\frac{P_1}{P_2+\Delta P_{损耗}}\times 100\% \tag{1-18}$$

由于变压器没有旋转部件，不像电机存在有机械损耗，因此变压器的效率一般都比较高。

变压器在不同的负载电流I_2时，输出功率P_2及铜损耗P_{Cu}都在变化，因此变压器的效率η也随着负载电流I_2的变化而变化，其变化规律通常用变压器的效率特性曲线来表示，如图1.8所示，图中$\beta=\frac{I_2}{I_{2N}}$，称为负载系数。

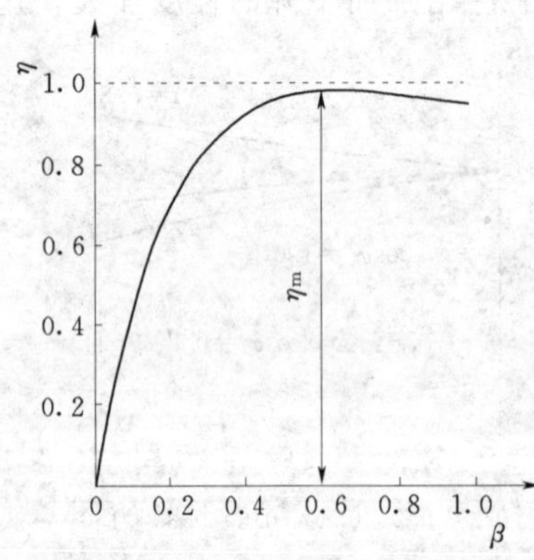

图1.8 变压器的效率曲线

从效率特性曲线可以看出，当负载变化到某一数

值时，将出现最大效率 η_{max}，与分析直流电机的最大效率一样，当变压器的可变损耗等于不变损耗时，效率达到最大值，一般变压器的最大效率在 $\beta=0.5\sim0.7$ 范围内。

1.1.4　任务实施　变压器的检查与维护

电力变压器在运行过程中，需要进行经常性地检查、维护及保养，从而能够及时发现事故苗头，做出相应处理，达到防止出现严重故障的目的。其项目和检修方法如下。

1. 变压器的外部检查

(1) 变压器油的检查，采用目测法观察变压器油枕内、充油管内油的高度，观察油的颜色及透明度。通常，油位高度应适中（在标度范围内），油应是透明略带黄色。

(2) 用耳测法听电力变压器声音是否正常。正常情况下，声音轻、平稳，是均匀而轻微的“嗡嗡”声，这是在 50Hz 的交变磁通作用下，铁芯和线圈振动造成的。若变压器内有各种缺陷或故障，会引起以下音响：

1) 声音增大并比正常时沉重，对应变压器负荷电流大、过负荷的情况。

2) 声音中有尖锐声、音调变高，对应电源电压过高、铁芯过饱和的情况。

3) 声音增大并有明显杂音，对应铁芯未夹紧，片间有振动的情况。

4) 出现爆裂声，对应线圈和铁芯绝缘有击穿点的情况。

变压器以外的其他电路故障，如高压跌落式熔断器触头接触不良；无励磁调压开关接头未对正或接触不良等，均会引起变压器响声变化。

(3) 检查变压器运行温度是否正常。变压器运行中温度升主要是由器身发热造成的。一般情况下，变压器负载越重，线圈中流过的工作电流越大，发热越剧烈，运行温度越高。变压器运行温度升高，使绝缘老化过程加剧，绝缘寿命减少。同时，温度过高也会促使变压器油的老化。

变压器正常工作时，油箱内上层油温不应超过 85～95℃。运行中，可通过温度计测取上层油温。若小型电力变压器未设专门的温度计，也可用水银温度计贴在变压器油箱外壳上测温，这时允许温度相应为 75～80℃。

(4) 检查变压器绝缘套管是否清洁，有无破损或放电烧伤。若发生上述情况，将会使绝缘套管的绝缘强度下降，应及时更换。

(5) 检查变压器冷却装置运行情况。应无泄露，压力应符合规定。

(6) 检查防爆管、除湿器、接线端子是否正常。检查防爆管隔膜是否完好，有无喷油痕迹；除湿器中的硅胶是否已达到饱和状态；各接线端子是否紧固，引线和导电杆螺栓是否变色。

防爆管隔膜破裂的原因，若是意外碰撞所致，则更换新膜即可；若有喷油痕迹，说明发生了严重内部故障，应停运检修。硅胶呈红色，说明它已吸湿饱和失效，需要更换新硅胶。线头接点变色，是接线头松动，接触电阻增大造成发热的结果，应停电后重新加以紧固。

(7) 气体继电器无动作。应定期检查、测试及整定气体继电器、保证性能正常、工作可靠。

(8) 检查外壳接地线是否牢靠、完好。要保证其外壳接地良好（接地电阻值一般应为 4Ω 以下）。

2. 变压器的负荷检查

(1) 观察和记录负荷，检查是否超负荷。

(2) 观察电力变压器三相电流，检查是否平衡。

（3）测量和记录电力变压器的运行电压。如果电源电压长期过高或过低，应对变压器进行检修，调整其分接开关（同时检测直流电阻）直至正常。

3. 变压器的保养

（1）电力变压器运行环境的检查，要求防雨、通风、清洁。

（2）清扫瓷套管及有关附属设备。

（3）检查母线连接情况，保证连接紧密。

（4）用兆欧（绝缘电阻）表摇测绕组的绝缘电阻，用接地测试仪测量电力变压器外壳的接地电阻，并记录测量值。

任务1.2 变压器的检修

1.2.1 技能目标

（1）掌握单相变压器电路的接线。

（2）掌握三相变压器电路的接线。

（3）会检修变压器及进行故障分析。

1.2.2 知识要点

（1）三相变压器的连接。

（2）其他变压器的工作原理。

1.2.3 知识准备

1.2.3.1 三相变压器

在电力系统中，普遍采用三相制供电方式，因而三相变压器获得最广泛的应用。三相变压器在对称负载下运行时，各相电压、电流大小相等，相位彼此相差120°，各相参数亦相等。因此，单相变压器的分析方法完全适用于三相变压器，在此不再赘述。这里主要讨论三相变压器的组成、三相变压器的绕组连接及绕组的极性与测量等问题。

1. 三相变压器的组成

三相变压器按照其磁路系统的不同可以由三台同容量的单相变压器组成，称为三相变压器组；也可由三个单相变压器合成一个三铁芯柱的三相心式变压器。

（1）三相变压器组。三相变压器组是把三个同容量的变压器根据需要将其一次、二次绕组分别接成星形或三角形连接。一般三相变压器组的一次、二次绕组均采用星形连接，如图1.9所示。

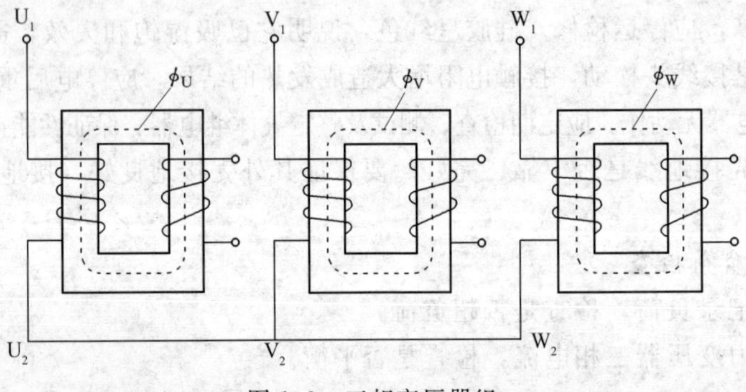

图1.9 三相变压器组

三相变压器组由于是由三台变压器按一定方式连接而成，三台变压器之间只有电的联系，而各自的磁路相互独立，互不关联。当三相变压器组一次侧施以对称三相电压时，则三相的主磁通也一定是对称的，三想空载电流也对称。

(2) 三相心式变压器。三相心式变压器是由三相变压器组演变而来的。把三个单相心式变压器铁芯合并成如图 1.10 (*a*) 所示的结构，通过中间心柱的磁通为三相磁通的相量和。当三相电压对称时，则三相磁通总和$\dot{\phi}_U+\dot{\phi}_V+\dot{\phi}_W=0$，即中间心柱中无磁通通过，可以省略，如图 1.10 (*b*) 所示。为了制造方便和节省硅钢片将三相铁芯柱布置在同一平面内，演变成为如图 1.10 (*c*) 所示的结构，这就是目前广泛采用的三相心式变压器的铁芯。由图 1.10 可见，三相心式变压器的磁路特点为：三相磁路有共同的磁轭，它们彼此关联，各项磁通要借另外两相的磁通闭合，即磁路系统是不对称的。但由于空载电流很小，它的不对称对变压器的负载运行的影响极小，可忽略不计。

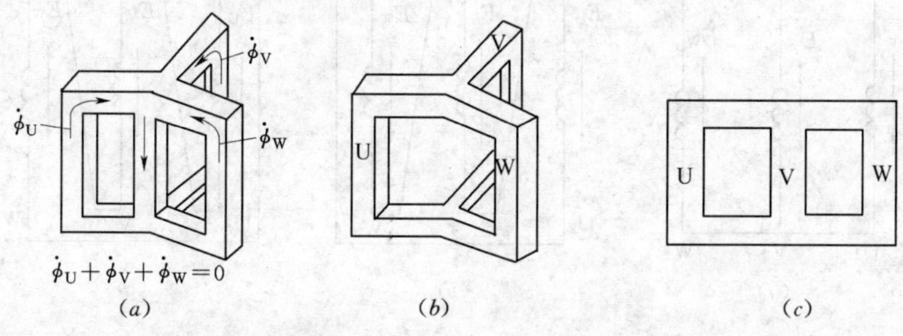

图 1.10 三相心式变压器铁芯

(*a*) 三相铁芯合并；(*b*) 去掉公共部分；(*c*) 实用铁芯

(3) 两类变压器的比较。比较上述两种类型磁路系统的三相变压器可以看出，在相同的额定容量下，三相心式变压器较之三相变压器组具有节省材料、效率高、价格便宜、维护方便、安装占地少等优点，因而得到广泛应用。但是对于大容量变压器来说，三相心式变压器就暴露出它的缺点。因为三相变压器组是由三个独立的单相变压器组成，所以在起重、运输、安装时可以分开处理，困难就大为减小，同时还可以降低备用容量，每组只要一台单相变压器作为备用就可以了。所以对一些超高压、特大容量的三相变压器，当制造及运输有困难时，有时就采用三相变压器组。

2. 三相变压器的绕组连接

三相变压器高、低压绕组的首端常用 U_1、V_1、W_1 标记和 u_1、v_1、w_1，而其末端常用 U_2、V_2、W_2 和 u_2、v_2、w_2 标记。单相变压器的高、低压绕组的首端则用 U_1、u_1 标记，其末端则用 U_2、u_2 标记，见表 1.1。

表 1.1　　绕组的首端和末端的标记

绕组名称	单相变压器		三相变压器		中性点
	首端	末端	首端	末端	
高压绕组	U_1	U_2	U_1、V_1、W_1	U_2、V_2、W_2	N
低压绕组	u_1	u_2	u_1、v_1、w_1	u_2、v_2、w_2	n
中压绕组	U_{1m}	U_{2m}	U_{1m}、V_{1m}、W_{1m}	U_{2m}、V_{2m}、W_{2m}	N_m

这里主要讲述三相变压器绕组的连接方法。在三相电力变压器中，不论是高压绕组，还是低压绕组我国均采用星形连接与三角形连接两种方法。

三相电力变压器的星形连接是把三相绕组的末端 U_2、V_2、W_2（或 u_2、v_2、w_2）连接在一起，而把它们的首端 U_1、V_1、W_1（或 u_1、v_1、w_1）分别用导线引出接三相电源，构成星形连接（Y 接法）用字母“Y”或“y”表示，如图 1.11（*a*）所示。

三相电力变压器的三角形连接是把一相绕组的首端和另外一相绕组的末端连接在一起，顺次连接成为一闭合回路，然后从首端 U_1、V_1、W_1（或 u_1、v_1、w_1）分别用导线引出接三相电源，如图 1.11（*b*）、（*c*）所示。其中，图 1.11（*b*）的三相绕组按 U_2W_1、W_2V_1、V_2U_1 的次序连接，称为逆序（逆时针）三角形连接。而图 1.11（*c*）的三相绕组按 U_2V_1、W_2U_1、V_2W_1 的次序连接，称为顺序（顺时针）三角形连接，用字母“D”或“d”表示。

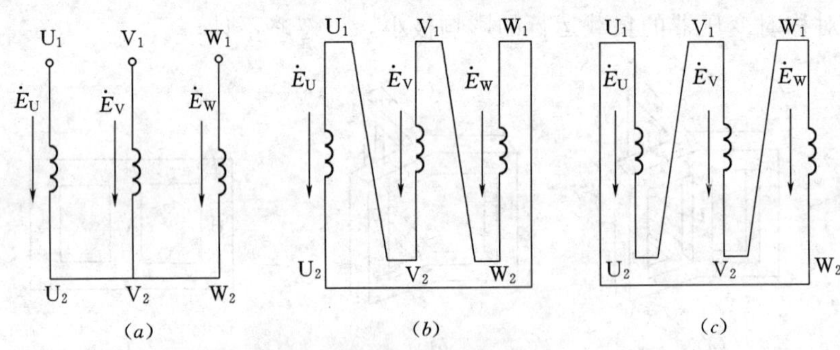

图 1.11　三相绕组连接方法

（*a*）星形连接；（*b*）三角形逆序连接；（*c*）三角形顺序连接

三相变压器一次、二次绕组不同接法的组合有 Y,y、YN,d、Y,yn、D,y、D,d 等，其中最常用的组合形式有三种，即 Y,yn、YN,d 和 Y,d。不同形式的组合，各有优缺点。对于高压绕组来说，接成星形最为有利，因为它的相电压只有线电压的$\frac{1}{\sqrt{3}}$，当中性点引出接地时，绕组对地的绝缘要求降低了。

大电流的低压绕组，采用三角形连接可以使导线截面比星形连接时小$\frac{1}{\sqrt{3}}$，方便于绕制，所以大容量的变压器通常采用 Y,d 或 YN,d 连接。容量不太大而且需要中性线的变压器，广泛采用 Y,yn 连接，以适应照明与动力混合负载需要的两种电压。

1.2.3.2　其他常用变压器

在电力系统中，除大量采用双绕组变压器以外，还有其他多种特殊用途的变压器，涉及面广，种类繁多。本节主要简单介绍较常用的自耦变压器、电压互感器、电流互感器、电焊变压器的工作原理及特点。

1. 自耦变压器

（1）自耦变压器的工作原理。前面介绍的普通双绕组变压器其一次、二次绕组之间互相绝缘，各绕组之间只有磁的耦合而没有电的直接联系。

自耦变压器是将一次、二次绕组合成一个绕组，其中一次绕组的一部分兼做二次绕组，它的一次、二次绕组之间不仅有磁耦合，而且还有电的直接联系。如图 1.12 所示，其中 N_1 为自耦变压器一次绕组的匝数，N_2 为自耦变压器二次绕组的匝数。

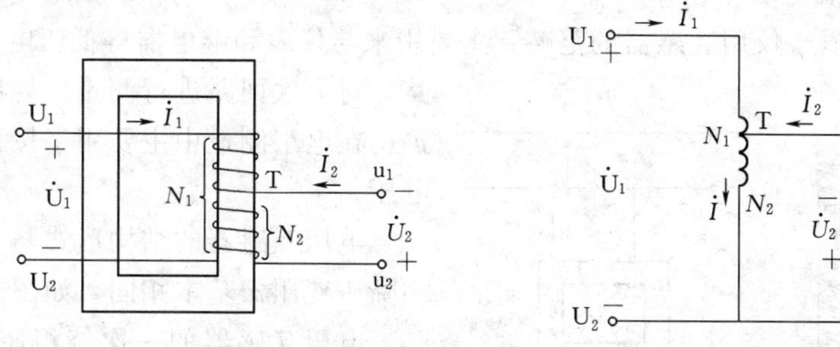

图 1.12 自耦变压器工作原理

自耦变压器与前面介绍的变压器一样，也是利用电磁感应原理来进行工作。当在自耦变压器的一次绕组 U_1、U_2 两端加上交变电压 U_1 后，将会在变压器的铁芯中产生交变的磁通，同时在自耦变压器的一次、二次绕组中产生感应电动势 E_1、E_2。

$$U_1 \approx E_1 = 4.44 f N_1 \Phi_m \tag{1-19}$$

$$U_2 \approx E_2 = 4.44 f N_2 \Phi_m \tag{1-20}$$

由此可得自耦变压器的电压比 K 为

$$K = \frac{E_1}{E_2} = \frac{N_1}{N_2} \approx \frac{U_1}{U_2} \tag{1-21}$$

由式（1-21）可知，只要改变自耦变压器的匝数 N_2，则可调节其输出电压的大小。

（2）自耦变压器的特点。自耦变压器具有结构简单、节省用铜量、其效率比一般变压器高等优点。其缺点是一次侧、二次侧电路中有电的联系，可能发生把高电压引入低压绕组的危险事故，很不安全，因此要求自耦变压器在使用时必须正确接线，且外壳必须接地，并规定安全照明变压器不允许采用自耦变压器结构形式。变压器的变压比一般不能选择过大，在实际应用中，要求自耦变压器的电压比一般不超过 1.5～2.0。在电力系统中，可用自耦变压器把 110kV、150kV、220kV 和 330kV 的高压电力系统连接成大规模的动力系统。大容量的异步电动机降压起动，也可用自耦变压器降压，以减小起动电流。

低压小容量的自耦变压器的二次绕组的接头 C 常做成沿线圈自由滑动的触头，它可以平滑地调节自耦变压器的二次绕组电压，这种自耦变压器称为自耦调压器。为了使滑动接触可靠，这种自耦变压器的铁芯做成圆环形，在铁芯上绕组均匀分布，其滑动触点由碳刷构成，调节滑动触点的位置既可改变输出电压的大小，自耦调压器的外形图和电路原理图如图 1.13 所示。

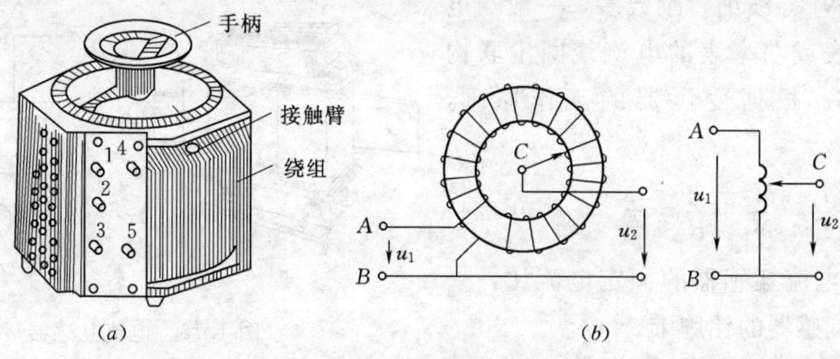

图 1.13 自耦调压器

（a）外形图；（b）电路原理图

2. 电压互感器

电压互感器属于仪用互感器的范畴。主要用来与仪表和继电器等低压电器组成二次回路，对一次回路进行测量、控制、调节和保护。在电工测量中主要用来按比例变换交流电压。

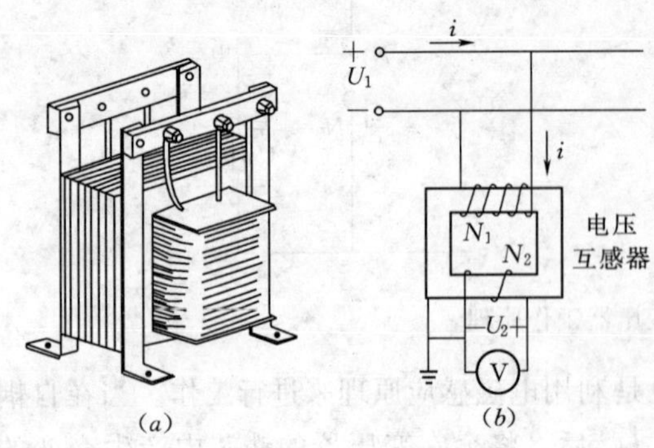

图 1.14 电压互感器

(a) 外形图；(b) 电路原理图

电压互感器的结构形式与工作原理和单相降压变压器基本相同，如图 1.14 所示。

电压互感器的一次绕组匝数为 N_1，其绕组匝数较多，与被测电路进行并联；电压互感器的二次绕组匝数为 N_2，其绕组匝数较少，与电压表进行并联。其电压比为

$$\frac{U_1}{U_2}=\frac{N_1}{N_2}=K_u \quad (1-22)$$

K_u 一般标在电压互感器的铭牌上，只要读出电压互感器二次侧电压表的读数 U_2，则被测电压为

$$U_1=K_uU_2 \quad (1-23)$$

通常电压互感器二次绕组的额定电压均选用为 100V。为读数方便起见，仪表按一次绕组额定值刻度，这样可直接读出被测电压值。电压互感器的额定电压等级 6000/100V、10000/100V 等。

使用电压互感器时必须注意以下事项：

(1) 电压互感器的二次绕组在使用时绝不允许短路。如二次绕组短路，将产生很大的短路电流，导致电压互感器烧坏。

(2) 为保证操作人员的安全，电压互感器的铁芯和二次绕组的一端必须可靠接地。

(3) 电压互感器具有一定的额定容量，在使用时，二次侧不宜接入过多的仪表，否则超过电压互感器的定额，使电压互感器内部阻抗压降增大，影响测量的精确度。

3. 电流互感器

电流互感器也属于仪用互感器的范畴。同样用来与仪表和继电器等低压电器组成二次回路，对一次回路进行测量、控制、调节和保护。在电工测量中主要用来按比例变换交流电流。

电流互感器的基本结构与工作原理和单相变压器相类似，如图 1.15 所示。

电流互感器的一次绕组 N_1 串联在被测的交流电路中，导线粗，匝数少；电流互感器的二次绕组 N_2 导线细，匝数多，一般与电流表、电能表或功率表的电流线圈串联构成闭合回路。根据变压器的工作原理，可得

$$\frac{I_1}{I_2}=\frac{N_2}{N_1}=\frac{1}{K_u}=K_i \quad (1-24)$$

式中：K_i 为电流互感器的额定电流比，一般标在电流互感器的铭牌上。

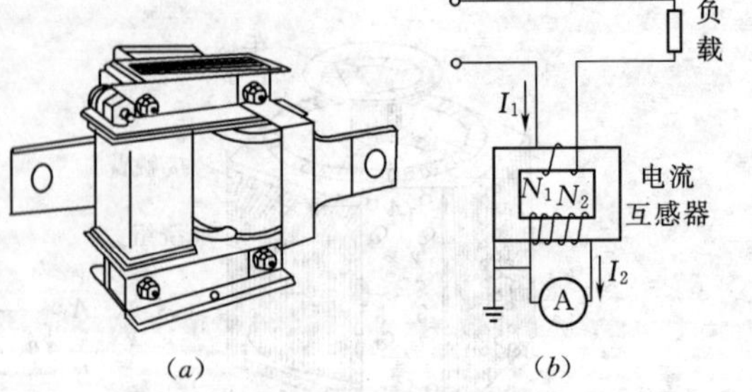

图 1.15 电流互感器

(a) 外形图；(b) 电路原理图

如果测得电流互感器二次绕组的电流

表读数 I_2，则一次电路的被测电流为

$$I_1 = K_i I_2 \qquad (1-25)$$

通常电流互感器二次绕组的额定电流均选用为5A。当与测量仪表配套使用时，电流表按一次侧的电流值标出，即从电流表上直接读出被测电流值。电流互感器额定电流等级有100/5A、500/5A、2000/5A等，读作“一百比五”或读作“一百过五”。

使用电流互感器时，需注意以下事项：

(1) 电流互感器的二次侧绝不允许开路。因为如果二次侧开路，则电流互感器处于空载运行状态，这时电流互感器一次绕组通过的电流就成为励磁电流，使铁芯中的磁通和铁耗猛增，导致铁芯发热烧坏绕组；另外电流互感器产生的很大的磁通将在二次绕组中感应出很高的电压，危及人身安全或破坏绕组绝缘。因此在二次绕组中装卸仪表时，必须先将二次绕组短路。

(2) 电流互感器的二次侧必须可靠接地，以保证工作人员及设备的安全。

4. 电焊变压器

交流弧焊机具有结构简单、使用年限长、维护方便、效率高、节省电能和材料、焊接时不产生磁偏吹等优点，因此得到广泛应用。交流弧焊机从结构上来看，本质上就是一台特殊的降压变压器，通称为电焊变压器。为了保证电焊的质量和电弧的稳定燃烧，对电弧变压器有如下几点要求：

(1) 电焊变压器应具有60～75V的空载电压，以保证容易起弧，为了操作者的安全，电压一般不超过85V。

(2) 电焊变压器应具有迅速下降的外特性，以适应电弧特性的要求。

(3) 为了适应不同的焊件和不同的焊条，还要求能够调节焊接电流的大小。

(4) 短路电流不应过大，一般不超过额定电流的2倍，在工作中电流要比较稳定，以免损坏电焊机。

为了满足上述要求，电焊变压器必须具有较大的阻抗，而且可以进行调节。电焊变压器的一次、二次绕组一般分装在两个铁芯柱上，使绕组的漏抗比较大。改变漏抗的方法很多，常用的有磁分路法和串联可变电抗法。

目前国内生产的交流弧焊机品种很多，其结构多种多样，但基本原理大致相同，下面以BX1系列交流弧焊机为例介绍其基本结构及工作原理。

BX1系列交流弧焊机为单相磁分路式降压变压器。如图1.16 (*a*) 所示，中间为可动

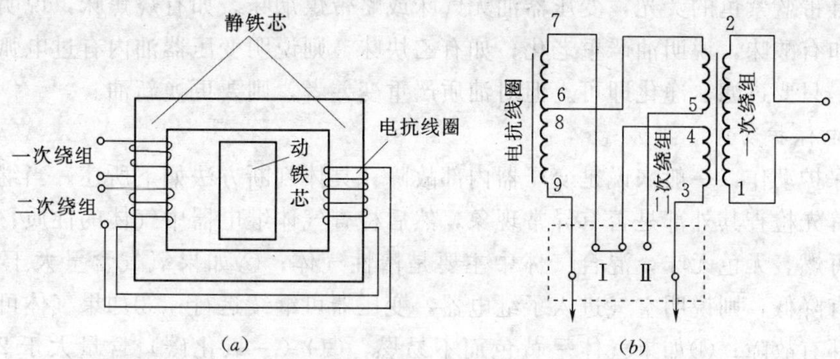

图1.16　磁分路动铁芯式交流弧焊机原理示意图

(*a*) 结构示意图；(*b*) 电路接线图

铁芯，两边为固定铁芯，铁芯窗口高而宽，以增大变压器的漏抗。一次侧为筒形绕组装在一个铁芯柱上。二次绕组分成两部分；一部分装在一次绕组外面；另一部分兼作电抗线圈装在另一侧固定铁芯柱上。

BX1系列交流弧焊机电路接线如图1.16（*b*）所示。交流电焊机空载时，由于无焊接电流通过，电抗线圈不产生电压降，故形成较高的空载电压，便于引弧。焊接时，二次绕组有焊接电流通过，同时在铁芯内产生磁通，该磁通经过可动铁芯又回到二次绕组构成回路，该磁通成为漏磁通，可动铁芯成为漏磁通的闭合回路。由于铁芯磁阻很小，因此漏磁通很大。因漏磁通在二次绕组内感应出一个反电动势，所以电压就下降。短路时，二次电压几乎全部被反电动势抵消，这样就限制了短路电流，获得下降的外特性。

BX1系列交流弧焊机两侧装有接线板，其中焊机一侧为一次侧接线板，而另一侧为二次侧接线板。焊接电流的调节有粗调和细调两种。粗调是靠更换二次侧接线板的连接片位置，从而改变二次绕组和电抗线圈的匝数来实现的。细调则是通过转动交流电焊机中部的手柄，从而改变动铁芯的位置，即改变漏磁分路的大小。当可动铁芯远离固定铁芯时，漏磁减小，焊接电流增加；反之，当可动铁芯靠近固定铁芯时，漏磁增大，焊接电流减小。

1.2.4 任务实施 变压器的常见故障分析

电力变压器在长期运行中会由于各种原因，出现各种故障，因此，就要求维修人员必须能够依据故障现象、运行状况，分析故障原因，诊断故障所在，并妥善处理。

1. 绕组匝间短路和对地击穿

（1）故障现象。发生该故障时，油温会急剧上升，电源侧电流增大，伴有“噼啪”、“噼啪”的放电声。

（2）诊断检查。用电桥测量各相支流电阻，如有明显差异，可判断为匝间短路。然后吊出铁芯，在绕组上施加额定电压作空载试验，短路线圈将会发热、冒烟，并且损坏处显著扩大，据此可找出击穿点或短路点。

（3）处理。一般对地短路绕组所采用的修复方法是，损坏严重者可更换绕组，对地击穿可更换绝缘，必要时过滤、净化变压器油，烘干铁芯。

2. 油质显著变化

油质发生变化，其绝缘强度将降低，会引起绕组故障。油色显著变化是其重要特征。对变压器油质的检查，可通过观察油的颜色来进行。首先取油样鉴别其颜色，新油为浅黄色，透明且带蓝紫色的荧光，变压器油无气味或略带煤烟味。如有烧焦味，说明油在干燥时过热；如有酸味，说明油严重老化；如有乙炔味，则说明变压器油内有过电弧发生。一般情况下，只要过滤、净化即可。但对油质严重变差者，则要更换新油。

3. 继电保护动作

继电保护动作，一般来说是变压器内部故障，具体判断方法如下所述。当继电器保护动作时，首先检查其外部是否有异常现象，然后检查气体继电器中气体的性质：①如果其中气体不可燃、无色无味，混合气体中主要是惰性气体；②如果氧气含量大于16%，油的闪点没有降低，则说明空气进入了继电器，变压器可继续运行；③如果气体可燃，说明变压器内部有故障；④如果气体呈黄色而不易燃，CO（一氧化碳）含量大于2%，为木质绝缘损坏；⑤如果气体呈灰色和黑色且易燃的，氧气含量在30%以下，有焦味且闪点

降低，说明发生过闪络故障；⑥如果气体呈浅灰色，带强烈臭味且可燃，说明是纸或纸板绝缘损坏。

4. 分接开关故障

当油箱上出现“吱吱”的放电声，电流表随响声摆动，而气体继电器动作，则可以初步断定分接开关出现了故障。这时，取油样进行气相色谱分析。

当鉴定分接开关发生的故障时，进一步用电桥测各相电流电阻，检查分接开关触点接触是否良好。如果判断为触点接触不良，切换分接位置，同时测量电流电阻，直到符合要求。

如果分接开关严重烧蚀或损坏，就必须更换。

注意事项：

(1) 为防止开关故障，在切换时必须测量各分接头的直流电阻。倒分接头时，按照分接开关指示器正确位置，并且将其手柄转动10次以上，消除氧化膜和油垢，再调整到新的位置。

(2) 气相色谱分析，就是从几种气体在变压器油内的含量变化来判断变压器的内部故障。

当裸金属过热时，氢、烃类含量急剧增加，而CO、CO_2含量变化不大。固定绝缘物（如木质、纸、纸板）过热时，CO、CO_2含量剧增。匝间短路或铁芯多点对地击穿等放点性故障发生时，除了氢、烃类气体含量增加外，乙炔含量大量增加。

5. 变压器渗油

电力变压器渗漏油，常见的有螺纹连接密封部位渗漏和焊接焊缝渗油漏油两种。常见的具体部位有箱盖瓷套管处、箱沿耐油密封胶条处、吊环根部、油管端部、箱盖和箱壁与油枕焊缝处等。

螺纹连接密封渗漏多由密封垫或耐油胶条安装不当或老化所致。其解决方法是重新调整和更换密封垫或耐油胶条，密封垫的材料选用丁腈橡胶。焊接渗漏则需要补焊。

注意事项：

(1) 更换密封垫或耐油胶条之前，先用干净白布擦净胶条周围或附近表面，以防尘污落入变压器油内，并切断油路或把油放至其水平面以下。更换时，要对正位置，修平啮合面。

(2) 焊缝的补焊必须在无油情况下进行。钢板厚度在2mm及以下时用气焊法补焊，大于2mm时采用电焊法补焊。

项目2　三相异步电动机

交流电动机在现代各行各业以及日常生活中都有着广泛的应用。交流电动机有三相和单相之分，同步和异步之分。三相异步电动机因其结构简单、工作可靠、维护方便、价格便宜等优点，应用更为广泛，目前大部分生产机械（如各种机床、起重设备、农业机械、鼓风机、泵类等）均采用三相异步电动机来拖动。

任务2.1　三相异步电动机的选择

2.1.1　技能目标

（1）会选用三相异步电动机。

（2）会维修三相异步电动机。

2.1.2　知识要点

三相异步电动机的基本工作原理、主要结构及作用、三相异步电动机的铭牌。

2.1.3　知识准备

2.1.3.1　三相异步电动机的结构和工作原理

1. 三相异步电动机的结构

异步电动机由两个基本部分组成：固定部分——定子；转动部分——转子。图2.1为三相异步电动机的结构分解图，由定子由机座（铸铁或铸钢制成）、铁芯（相互绝缘且冲成槽的硅钢片叠成）和定子绕组（铜导线制成）三部分组成。转子铁芯也是由冲成槽的硅钢片叠成，槽内有端部相互短接的铝条或铜条，形成“笼形”，故称“笼形”转子。还有一种转子是在铁芯槽内嵌入三相绕组，并接成星形，通过集电环、电刷外接变阻器，如图2.2所示，即线绕式转子。线绕式转子在起动时接入变阻器，正常运转时切除变阻器。

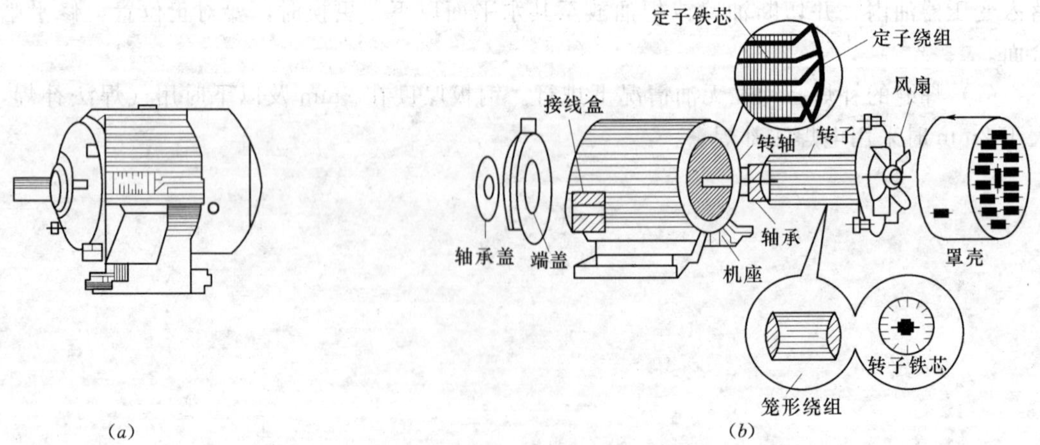

图2.1　三相异步电动机的结构

（a）外形；（b）内部结构

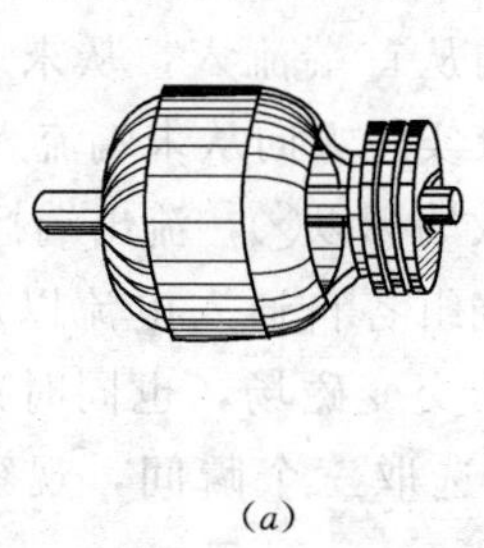

(a)

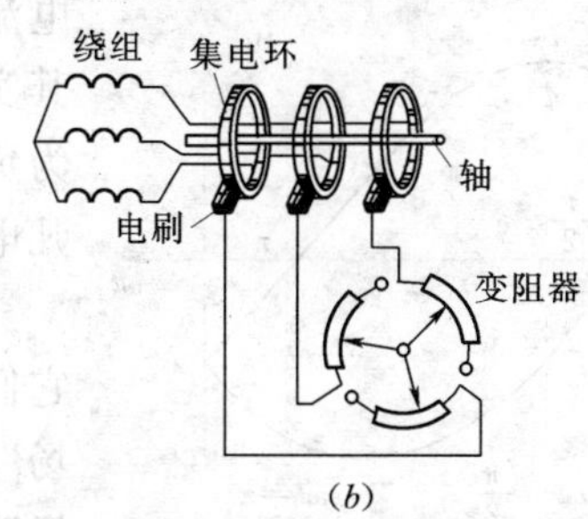

(b)

图 2.2　线绕式转子

(a) 外形；(b) 外接变阻器的等效电路

异步电动机只有定子绕组与交流电源连接，转子绕组则是自行闭合。虽然定子绕组和转子绕组在电路上是相互分开的，但两者却在同一磁路上。

2. *旋转磁场*

运动的导体切割磁力线会感应电动势（如导体形成闭合回路则有感应电流）；另外，通电流的导体在磁场中受磁场力的作用而运动。应用这两点来分析一下如图 2.3 所示的情况。笼形转子在磁场 N、S 之间（只画出了两根端部短接的铝导体条），当磁极向顺时针方向以 n_1 的转速转动时，铝条中将感应电动势（产生感应电流），可按右手定则判定其方向（注意这里的导体相对于磁场反时针方向运动），N 极下的导体电势方向指出纸面，S 极下的导体电势方向指向纸内，继而形成了载流导体在磁场中与磁场相互作用而产生电磁力 F，可用左手定则判别其磁场力 F 的方向，这就产生了“电磁转矩”，使转子以 n 的速度转动起来。可以看到转子的转向和磁极的转向是一致的。但转速 n 不会等于 n_1，如果相等，导体与磁场相对速度为零，不再切割磁力线，也就不会产生感应电势、感应电流和电磁转矩，即 n 永远小于 n_1，这就是所谓的“异步”。

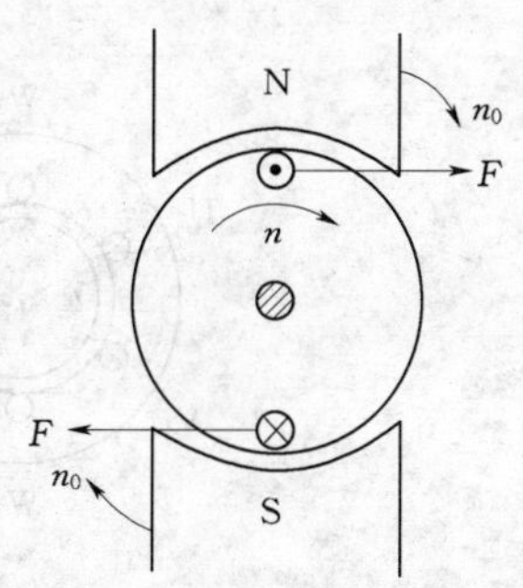

图 2.3　异步转动示意图

图 2.3 中 N、S 极是“旋转磁极”，而实际上三相异步电动机利用的是“旋转磁场”。下面分别讲述旋转磁场的产生及其转速和转向。

(1) 旋转磁场的产生。三相异步电动机定子绕组是由三相组成，其各相绕组的首端分别用 U_1、V_1、W_1 表示，末端分别用 U_2、V_2、W_2 表示，连接示意图如图 2.4 所示。三相绕组 W_1W_2、U_1U_2、V_1V_2 在空间互差 120°角，接成星形。通入三相对称电流如下

$$i_U = I_m \sin\omega t$$

$$i_V = I_m \sin(\omega t - 120°)$$

$$i_W = I_m \sin(\omega t + 120°)$$

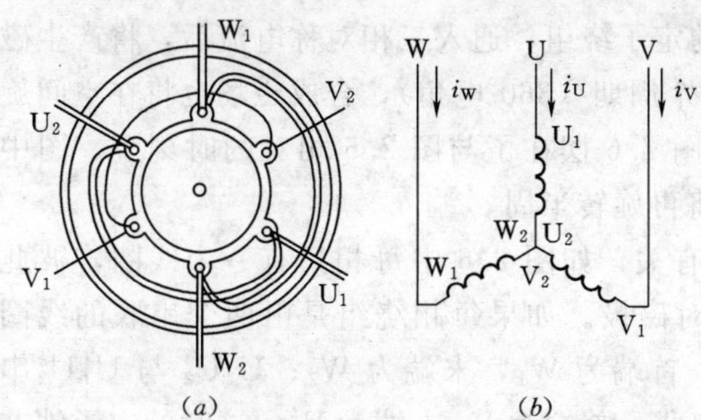

图 2.4　三相异步电动机定子绕组连接示意图

(a) 内部绕组示意图；(b) 接线原理图

三相对称电流波形如图 2.5 所示。绕组中电流的实际方向可由对应瞬时

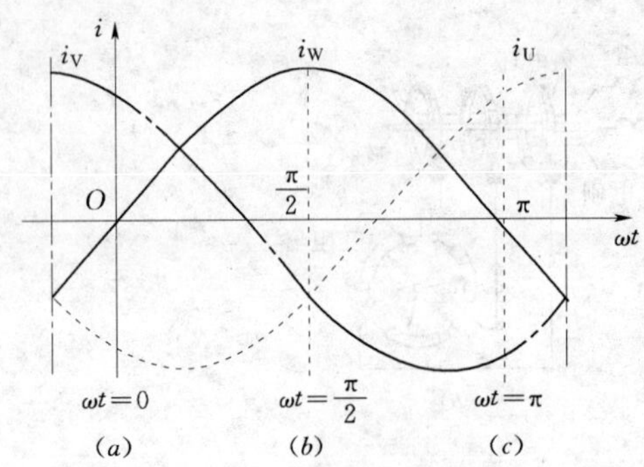

图 2.5 三相绕组中的电流波形

电流的正负来确定。为此规定：当电流为正时，其实际方向从首端流入，从末端流出；当电流为负时，其实际方向从末端流入，从首端流出。凡电流进入端标以⊗，流出端标以⊙。

三相绕组各自通入电流以后，将分别产生它们自己的交变磁场，也同时产生了“合成磁场”。下面选取三个瞬间，观察一下“合成磁场”的情况：

1）当 $\omega t=0$ 时，$i_W=0$，绕组 W_1W_2 中没有电流；i_U 是负值，即 U_1U_2 绕组内的电流为负值，电流从相尾 U_2 流入⊗，从相头 U_1 流出⊙；i_V 为正值，电流从首端 V_1 流入⊗，从末端 V_2 流出⊙，如图 2.6（*a*）所示。根据右手螺旋定规，可以描绘出此时的合成磁场，方向指向下方，既定子上方为 N 极，下方为 S 极。可见，用这种方式布置绕组，产生的是两极磁场，磁极对数 $P=1$。

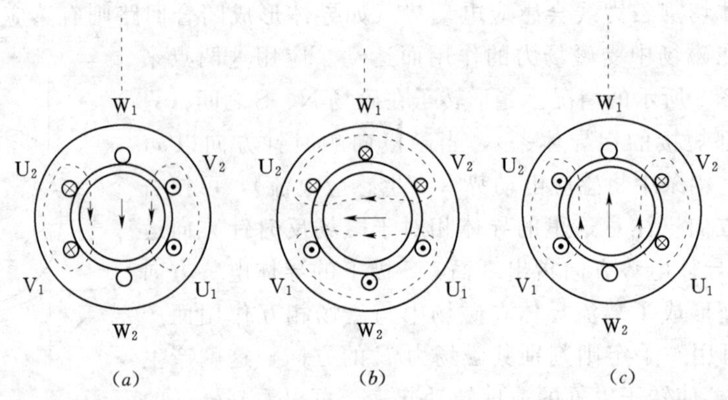

图 2.6 一对极合成磁场

2）当 $\omega t=90°$时，i_W 为正值，电流从首端 W_1 流入⊗，从末端 W_2 流出⊙；i_U 为负值，电流从末端 U_2 流入⊗，从末端 U_1 流出⊙，i_V 也是负值，电流从末端 V_2 流入⊗，从首端 V_1 流出⊙，其合成磁场，如图 2.6（*b*）所示，它按顺时针方向在空间转了 90°角。

3）同理可以画出 $\omega t=180°$时的合成磁场如图 2.6（*c*）所示。它又按顺时针方向在空间转了 90°角。

由上述分析不难看出，对于图 2.6 所示的定子绕组，通入三相对称电流后，将产生磁极对数 $P=1$ 的旋转磁场，且交流电若变化一个周期（360°电角），合成磁场也将在空间旋转一周（360°空间角）。为了看起来清楚，把图 2.6 摆在了与图 2.5 相对的时刻上。图中只画 180°角，如果画完一个周期，合成磁场将再旋转半周。

旋转磁场的极对数 P 与定子绕组的布置有关，如图 2.6 中每相只有一个线圈，彼此在空间互差 120°角，产生的旋转磁场只有一对磁极。如果每相绕组是由两个串联的线圈组成，如图 2.7 所示，W_1W_2 与 $W_1'W_2'$串联，首端为 W_1，末端为 W_2'；U_1U_2 与 $U_1'U_2'$串联，首端为 U_1，末端为 U_2'；V_1V_2 与 $V_1'V_2'$串联，首端为 V_1 末端为 V_2'。这时的定子铁芯至少要有 12 个槽，每相绕组站四个槽，每相中两个相隔 180°角的线圈串联组成一相。当三相对称交流电流通过这些线圈时，对照图 2.5 电流波形，仍选取三个瞬间，利用前述分

析方法，便可得出图 2.7 所示的四极磁场的分布情况。

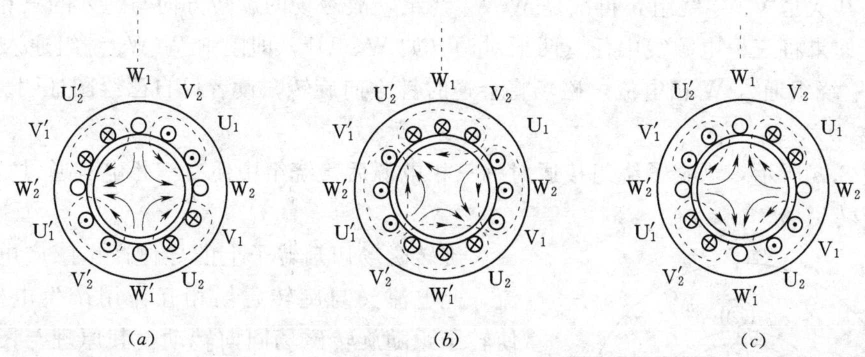

图 2.7　两对极合成磁场

例如，当 $\omega t=0$ 时，$i_W=0$，$i_U<0$，$i_V>0$，此时 $W_1W_2—W'_1W'_2$绕组内无电流，$U_1U_2—U'_1U'_2$绕组内的电流从 U'_2流入、从 U'_1流出，再从 U_2 流入，从 U_1 流出；$V_1V_2—V'_1V'_2$绕组内的电流从 V_1 流入、从 V_2 流出，再从 V'_1流入、V'_2流出。这时按右手螺旋定规判别合成磁场，可以看出是四个磁极，既 $P=2$，如图 2.7（a）所示。

当 $\omega t=90°$，$\omega t=180°$时，可画出与之对应的图 2.7（b）、（c）。应注意，与图 2.6（$P=1$）相比，磁极转过的空间角有何不同？

3. 旋转磁场的转速与转向

根据上述分析，电流变化一周时，两极($P=1$)的旋转磁场在空间旋转一周，若电流的频率为 f_1，既电流每秒变化 f_1 周，旋转磁场的转速也为 f_1。通常转速是以每分钟的转数来计算的，若以 n_1 表示旋转磁场的转速，则

$$n_1=60f_1(\mathrm{r/min})$$

对于四极（$P=2$）旋转磁场，电流变化一周，合成磁场在空间只旋转了 180°（半周）故

$$n_1=60f_1/2(\mathrm{r/min})$$

由上述两式可以推广到具有 P 对磁极的异步电动机，其旋转磁场的转速为

$$n_1=\frac{60f_1}{P}\ (\mathrm{r/min}) \tag{2-1}$$

由此可见，旋转磁场的转速 n_1 决定于电流的频率 f_1 和电动机磁极对数 P。我国的电源标准频率为 $f_1=50\mathrm{Hz}$，因此不同磁极对数的电动机所对应的旋转磁场转速也不同，分别见表 2.1。

表 2.1　　**磁极对数与磁场转速**

P	1	2	3	4	5	6
n_0 (r/min)	3000	1500	1000	750	600	500

旋转磁场的转速 n_1 也称为“同步转速”。

在分析两极旋转磁场时，可以看到，磁场是按顺时针方向旋转的，这是因为三相绕组

U_1U_2、V_1V_2、W_1W_2 接入电源是按相序 U、V、W 通入的，既 U_1U_2 绕组的电流先达到最大值，其次是 V_1V_2 绕组，再次是 W_1W_2 绕组，故磁场的旋转方向与通入的三相电流相序一致。如果将三根电源线中任意两根对调（如 W、U），即图中 W_1W_2 绕组通入 U 相电流，U_1U_2 绕组通入 W 相电流，磁场将会逆时针方向旋转，读者可自己绘图证明。

4. 转动原理

如图 2.8 所示，当定子绕组接通对称三相电源后，绕组中便有三相电流通过，在空间产生了旋转磁场。

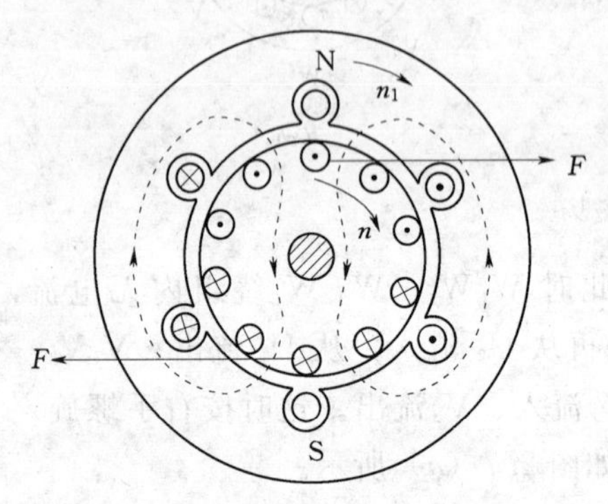

图 2.8 异步电动机转动原理图

旋转磁场切割转子上的导体产生感应电势和电流，此电流又与旋转磁场相互作用产生电磁转矩，使转子跟随旋转磁场同向转动，其原理与图 2.3 所示的情况相同，即旋转磁场代替了旋转磁极。由于转子中的电流和所受的电磁力都是由电磁感应产生，所以也称为感应电动机。

5. 运行过程与转差率

如前所述，转子的转速 n 永远小于旋转磁场的转速（即同步转速）n_1，转子总是紧跟着旋转磁场以 $n<n_1$ 的转速同方向旋转。若旋转磁场的方向反转，转子也将反向转动。

通常，把同步转速 n_1 与转子转速 n 的差值和同步转速 n_1 的比值称为异步电动机的“转差率”，用 s 表示，即

$$s=\frac{n_1-n}{n_1}$$

或用百分数表示

$$s=\frac{n_1-n}{n_1}\times 100\% \qquad (2-2)$$

转差率 s 是描述异步电动机运行情况的一个重要物理量。在电动机起动瞬间，$n=0$，这时 $s=1$。理论上看，若转子以同步转速旋转（$n=n_1$），则 $s=0$。由此可见，转差率 s 的变化范围在 0～1 之间，随着转子转速的增高，转差率变小。电动机在额定情况运行时，一般转差率 $s=0.02\sim0.06$，用百分数表示则为 $s=2\%\sim6\%$。

当转子产生的电磁转矩 T 与电动机轴上所带的机械负载转矩 T_L 相等时，转子就以等速运转；如 $T>T_L$ 时，转子则加速；当 $T<T_L$ 时，转子则减速。

电动机在空载时，轴上的负载转矩是由轴与轴承之间摩擦及旋转部分受到的风阻力等所产生，其值极小，因而此时转子产生的电磁转矩亦很小，但其转速较高，接近于同步转速。

如把电动机的负载增大（即加大转子轴上的负载转矩），则在开始增大的一瞬间，转子所产生电磁转矩小于轴上的负载转矩，因而转子减速。但定子的电流频率 f_1 和极对数 P 通常均为定值，故旋转磁场的同步转速不变。随着转子转速的逐步下降，转子与旋转磁场的同步速差逐渐增大，于是，转子导线中的感应电动势和电流及其产生的电磁转矩也就随之而增大；最后，当 $T=T_L$ 时，转子就不再减速，而是在较低的转速下又作等速运转。

如把电动机的负载减少，则转子的转速便上升，其过程与上述情况相反。

电动机在空载时，其转速较高，接近于同步转速。由于异步电动机的定子与转子之间有较大的空气隙，故其空载电流 I_0 约为电动机定子绕组额定电流（即转子轴上满载时的定子电流）I_N 的 20%～40%。

6. 三相异步电动机铭牌

在异步电动机的机座上都装有一块铭牌，如图 2.9 所示。铭牌上标出了该电动机的一些数据，要正确使用电动机，必须看懂铭牌，下面以 Y112M—4 型电动机为例来说明铭牌数据的含义。

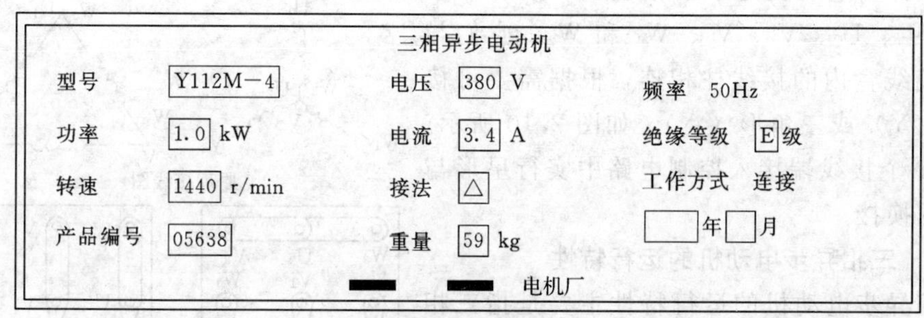

图 2.9 三相异步电动机的铭牌

Y 系列电动机是我国 20 世纪 80 年代设计的封闭型笼形三相异步电动机，是取代 JO_2 系列的更新换代产品。这一系列的电动机高效、节能、起动转矩大、振动小、噪音低，运行安全可靠，适用于对起动和调速等无特殊要求的一般生产机械，如切削机床、鼓风机、水泵等。

（1）型号。具体意义如下

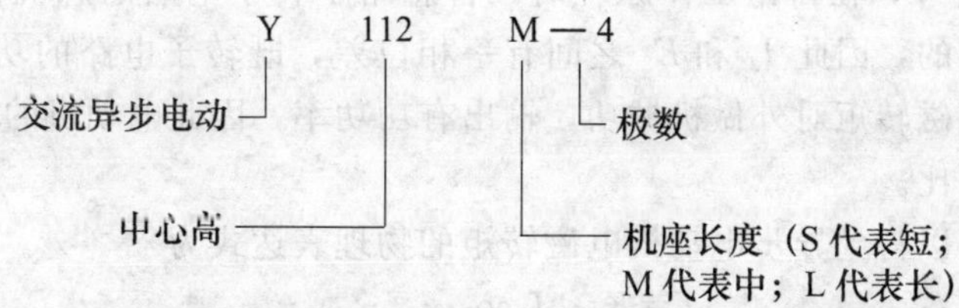

（2）额定频率。是指加在电动机定子绕组上的允许频率，国产异步电动机的额定频率为 50Hz。

（3）额定电压。是指定子三相绕组规定应加的线电压值，一般应为 380V。

以下各项都是指电动机在额定频率和额定电压条件下的有关额定值。

（4）额定功率。是电动机在额定转速下长期持续工作时，电动机不过热，轴上所能输出的机械功率。根据电动机额定功率，可求出电动机的额定转矩为

$$T_N = 9550\frac{P_N}{n_N}\ (\text{N}\cdot\text{m}) \tag{2-3}$$

式中：P_N 为额定功率以 kW 计；n_N 为额定转速以 r/min 计。

（5）额定电流。是当电动机轴上输出额定功率时，定子电路取用的线电流。

（6）额定转速。是指电动机在额定负载时的转子转速。

（7）绝缘等级。是指电动机定子绕组所用的绝缘材料的等级。绝缘材料按耐热性能可

分为7个等级，见表2.2。采用哪种绝缘等级的材料，决定于电动机的最高允许温度，如环境温度规定为40℃，电动机的温升为90℃，则最高允许温度为130℃，这就需要采用B级的绝缘材料。国产电机使用的绝缘材料等级一般为B、F、H、C这4个等级。

表2.2 绝缘材料耐热性能等级

绝缘等级	Y	A	E	B	F	H	C
最高允许温度（℃）	90	105	120	130	155	180	大于180

三相异步电动机定子三相绕组一般有6个引出端 U_1、U_2、V_1、V_2、W_1 和 W_2。它们与机座上接线盒内的接线柱相连，根据需要可接成星形（Y）或三角形（△），如图2.10所示。也可将6个接线端接入控制电路中实行星形与三角形的换接。

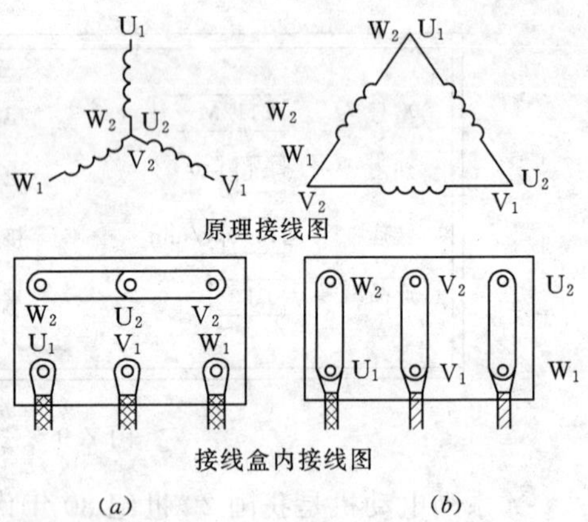

图2.10 三相笼形电动机的接线

（*a*）星形连接；（*b*）三角形连接

2.1.3.2 三相异步电动机的运行特性

三相异步电动机的运行特性主要是指三相异步电动机在运行时电动机的功率、转矩、转速相互之间的关系。

1. *电磁转矩*

从异步电动机的工作原理知道，异步电动机的电磁转矩是由于具有转子电流 I_2 的转子绕组在磁场中受力而产生的，因此，电磁转矩的大小与转子电流 I_2 和反映磁场强度的每极磁通 Φ 成正比。此外，在讨论工作原理时，曾忽略了转子电路的感抗作用，实际上转子电路是有感抗存在的，因此 I_2 和 E_2 之间有一相位差，既转子电路的功率因数 $\cos\varphi_2<1$。考虑到电动机的电磁转矩对外做机械功，输出有功功率，因此电动机的电磁转矩与转子电流的有功分量成正比。

综上所述，可以得到异步电动机电磁转矩的物理表达式为

$$T=K_{\mathrm{T}}\Phi I_2\cos\varphi_2 \tag{2-4}$$

式中：K_{T} 为异步电机的“转矩常数”，它与电机本身结构有关。

电磁转矩物理表达式没有反映电磁转矩的一些外部条件，如电源电压 U_1、转子转速 n_2 以及转子电路参数之间的关系，对使用者来说，应用式（2-4）不够方便。为了直接反映这些因素对电磁转矩的影响，需要对式（2-4）进一步推导（过程略），最后得出

$$T=K'_{\mathrm{T}}U_1^2\frac{sR_2}{R_2^2+(sX_{20})^2} \tag{2-5}$$

式（2-5）具体显示了电磁转矩与外加电压 U_1、转差率 s 以及与转子电路参数 R_2 和 X_{20} 之间的关系。

如前所述，若定子电路的外加电压 U_1 及其频率 f_1 为定值，则 R_2 和 X_{20} 均为常数，因此，电磁转矩仅随转差率 s 而改变。把不同的 s 值（0～1之间）代入式（2-5）中，便可绘出转矩曲线，如图2.11所示，转矩曲线又称 $T\sim s$ 曲线。

从 $T\sim s$ 曲线可以看出，当 $s=1$ 时（即起动时），转子和旋转磁场之间的相对运动虽

然为最大，但电动机的电磁转矩并不是最大。这是因为，起动时虽然转子中感应电流 I_2 为最大，但 $\cos\varphi_2$ 却很小，它们的乘积 $I_2\cos\varphi_2$ 不是很大，所以这时的电磁转矩不大。

异步电动机的最大转矩以及最大转矩的转差率 s_m，可用数学求最大值的方法（略）求得

$$s_m = \frac{R_2}{X_{20}} \tag{2-6}$$

由此可知，当转子绕组的漏感抗 X_{20} 等于转子绕组的电阻 R_2 时，异步电动机所产生的电磁转矩达到最大值。

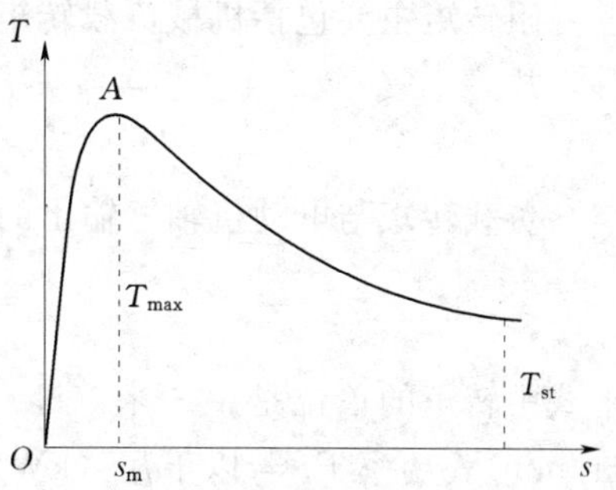

图 2.11 转矩特性曲线

由于笼形电动机转子电阻 R_2 很小，故 s_m 很小，因此转矩曲线的 OA 段是很陡的。对于线绕式电动机，如果它的转子电路不接外加电阻而自行闭合，则其电阻也是较小的，故 s_m 也不大。所以就一般而言异步电动机 s_m 大约在 0.04（大型电机）～0.2（小型电机）之间。

把式（2-6）的最大转差率代入式（2-5），可得最大转矩为

$$T_{max} = K'_T \frac{U_1^2}{2X_{20}} \tag{2-7}$$

由式（2-7）可知，异步电动机产生的最大转矩 T_{max} 和转子电阻 R_2 的大小无关，但 s_m 与 R_2 增大，s_m 也增大，转矩曲线向右偏移；反之则向左偏移，如图 2.12 所示。利用这一原理，对线绕式转子可调其外接电阻进行电动机的调速。

在电动机起动时，$n=0$、$s=1$，由式（2-5）可得起动转矩为

$$T_{st} = K'_T \frac{R_2 U_1^2}{R_2^2 + X_{20}^2} \tag{2-8}$$

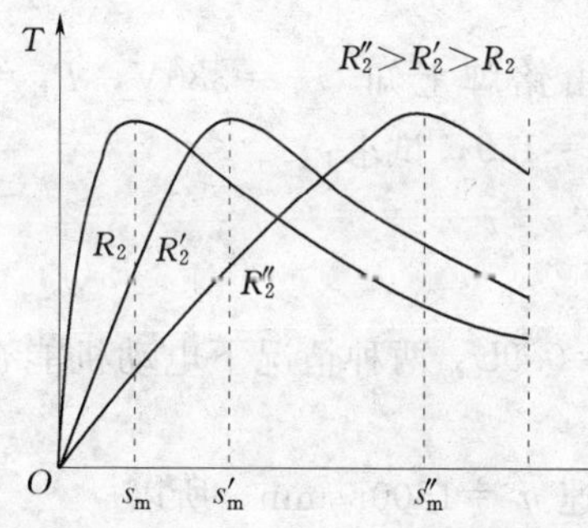

图 2.12 S_m 与转子电阻的关系

由式（2-8）可以看出，随着转子电路中电阻 R_2 的增加，起动转矩 T_{st} 也逐渐增加。当 $R_2 = X_{20}$ 时，$s = s_m = 1$，可使最大转矩在起动时出现，这一点在生产上具有实际意义。线绕式电动机在转子电路中，串入适当的起动电阻，不仅可使转子电流 I_2 减小，而且可使起动转矩增加，这是因为 R_2 增加使功率因数 $\cos\varphi_2$ 增大的缘故。

从式（2-7）和式（2-8）还可看出，影响最大转矩 T_{max} 和起动转矩 T_{st} 的最突出因素是电源电压 U_1，它们都与 U_1 的平方成正比。当电源电压降到额定电压的 70%时，则转矩只有额定时的 49%。过低的电压会使电动机无法起动。在运行过程中若电压下降很多，有可能使电磁转矩低于负载转矩，造成转子转速下降甚至被迫停转。不论转速下降还是停转都会引起电动机电流增大，以致超过额定电流，如不及时切断电源，电机就会有烧毁的危险，在使用中必须重视！

2. 转矩与功率的关系

电动机稳定运行时，其电磁转矩 T 必须与阻转矩 T_C 相平衡，即

$$T = T_C$$

阻转矩主要包括机械负载转矩 T_L 和空载损耗转矩 T_0，由于空载转矩很小，可忽略不计，故

$$T=T_L+T_0\approx T_L$$

负载转矩与电动机轴上输出的机械功率 P_2 及电动机的转速 n 有关，即

$$T=T_L=\frac{P_2}{2\pi n/60}$$

上式中转矩的单位是牛·米（N·m）；功率的单位是瓦（W）；转速的单位是转/每分钟（r/min）。功率 P_2 若以千瓦（kW）为单位，则得出常用公式

$$T=9550\frac{P_2}{n} \tag{2-9}$$

电动机铭牌上给出的额定输出功率和额定转速，应用式（2-9）便可算出它的额定转矩。

【例 2.1】 一台三相异步电动机，定子绕组接到频率 $f_1=50\text{Hz}$ 的三相对称电源上，已知它在额定转速 $n_N=960\text{r/min}$ 下运行，求：

（1）该电动机的磁极对数 P 为多少?

（2）额定转差率是多少?

解 （1）求磁极对数。由于异步电动机的额定转差率很小，可根据额定转速（960r/min）来估算旋转磁场的同步转速 $n_1=1000\text{r/min}$，于是可以计算磁极对数为

$$P=\frac{60f_1}{n_1}=\frac{60\times50}{1000}=3$$

（2）额定转差率。

$$s_N=\frac{n_1-n_N}{n_1}\times100\%=\frac{1000-960}{1000}\times100\%=4\%$$

【例 2.2】 有一 Y225M—4 型三相异步电动机，由铭牌上知 $U_N=380\text{V}$，$P_N=45\text{kW}$，$n_N=1480\text{r/min}$，起动转矩与额定转矩之比 $T_{st}/T_N=1.9$，试求：

（1）额定转差率。

（2）起动转矩。

（3）如果负载转矩为 510N·m，问在 $U_1=U_N$ 和 $U_1'=0.9U_N$ 两种情况下电动机能否起动?

解 （1）由已知额定转速 1480r/min 可推算出同步转速 $n_0=1500\text{r/min}$，所以

$$s_N=\frac{n_1-n_N}{n_1}\times100\%=\frac{1500-1480}{1500}\times100\%=1.3\%$$

（2）由已知条件可求额定转矩为

$$T_N=9550\frac{P_N}{n_N}=9550\times\frac{45}{1480}=290.4\ (\text{N}\cdot\text{m})$$

再计算 $$T_{st}=1.9T_N=1.9\times290.4=551.8\ (\text{N}\cdot\text{m})$$

（3）当 $U_1=U_N$ 时，$T_{st}=551.8\text{N}\cdot\text{m}>510\text{N}\cdot\text{m}$ 可以起动。

当 $U_1=0.9U_N$ 时，$T_{st}=0.9^2\times551.8=447\text{N}\cdot\text{m}<510\text{N}\cdot\text{m}$，所以不能起动。

3. 三相异步电动机机械特性

在电力拖动中，为了便于分析，常把 $T\sim s$ 曲线改画成 $n\sim T$ 曲线，称为电动机的

“机械特性”，它反映了电动机电磁转矩和转速之间的关系。若把 $T\sim s$ 曲线中的横坐标 s 换算成转子的转速 n，并按顺时针方向转过 90°角，即可看到异步电动机的“机械特性曲线”，如图 2.13 所示。

机械特性曲线分以下两个区段：

一是 AB 区段，在这个区段内，电动机的转速 n 较高，s 值较小。随 n 的减小，I_2 的增加大于 $\cos\varphi_2$ 的减小，因而乘积 $I_2\cos\varphi_2$ 增加，使电磁转矩随转子转速的下降而增大。

二是 BC 区段，在这个区段内，电动机的转速较低，s 值较大。随着 n 的减小，I_2 的增加小于 $\cos\varphi_2$ 的减小，因而乘积 $I_2\cos\varphi_2$ 减小，使得电磁转矩随转子转速的下降而减小。

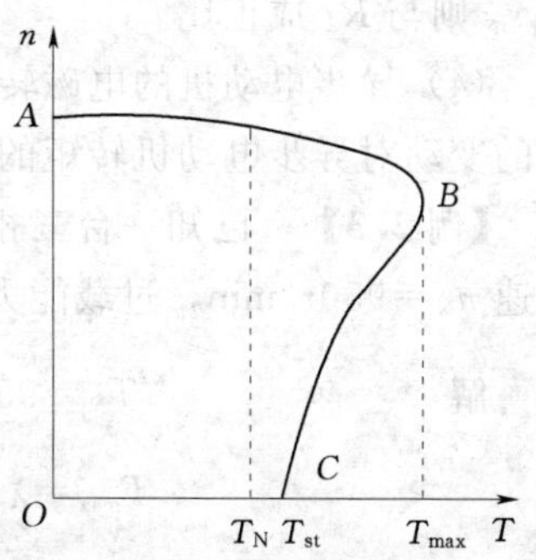

图 2.13　机械特性曲线

电动机在接通电源刚被起动的一瞬间，$n=0$，$s=1$，此时的转矩称为“起动转矩”既图 2.13 中的 T_{st}。当起动转矩大于电动机轴上的负载转矩时，转子便旋转起来，并逐渐加速，电动机的电磁转矩沿着 $n\sim T$ 曲线的 $C\to B$ 区段上升，经过最大转矩 T_{max}后又沿着 $C\to A$ 区段逐渐下降，直至 T 等于负载转矩 T_L 时，电动机就以某一转速等速旋转。由此可见，只要异步电动机的起动转矩大于轴上负载转矩，一经起动后，便立即进入机械特性曲线的 AB 区段稳定地运行。

当电动机稳定工作在 AB 区段后，如果负载增大，此时电机的转速将下降，电磁转矩要上升，从而与增加后的负载转矩保持在新的平衡点上。如果负载的增加超过了最大转矩点，电动机的转速将急剧下降，直到 n 等于零“停车”为止。因此，电动机的工作区段都是在曲线的 AB 之间，称此段为“稳定工作区”，而 CB 区段则是“不稳定区”。

机械特性曲线除包含上述两个区段外，还有三个特殊点，即 T_{st}、T_{max}、T_N 三点。T_N 是电动机的额定转矩，它是电动机轴上长期稳定输出转矩的最大允许值。由前面的分析可知，T_N 应小于它的最大转矩 T_{max}，如果把额定转矩设计的很接近最大转矩，则电动机略为过载，便导致停车。为此，要求电动机应具备一定的“过载能力”。所谓过载能力，就是最大转矩与额定转矩的比值，即

$$\lambda_m=\frac{T_{max}}{T_N} \tag{2-10}$$

过载能力一般取 $\lambda_m=1.8\sim1.6$。

为了反映电动机起动性能，把它的起动转矩与额定转矩之比称为“起动能力”，用 λ_s 表示

$$\lambda_s=\frac{T_{st}}{T_N} \tag{2-11}$$

起动能力一般为 $\lambda_s=1.1\sim1.8$。

如前所述，异步电动机正常运行在特性曲线的 AB 区段，而这一区段几乎是一条稍微向下倾斜的直线，因此，电动机从空载到满载转速下降很少，这样的特性称为“硬特性”，一般金属切削机床就需要用这种机械特性“硬”的电动机来拖动。

综合以上对转矩曲线的分析，可得如下结论：

(1) 异步电动机具有硬的机械特性，负载的变化在工作区引起的转速变化很小。

(2) 异步电动机具有较大的过载能力。

(3) 异步电动机的最大转矩和转子电路中的电阻 R_2 无关，而达到最大转矩时的转差率 s_m 则与 R_2 成正比。

(4) 异步电动机的电磁转矩与加在定子绕组上电源电压的平方成正比。因此，电源电压的变动对异步电动机转矩的影响较大。

【例 2.3】 已知一台三相 50Hz 线绕式异步电动机，额定功率为 $P_N=100kW$，额定转速 $n_N=950r/min$，过载能力 $\lambda_m=2.4$，求该电机的额定转矩和最大转矩。

解

$$T_N=9550\frac{P_N}{n_N}=9550\times\frac{100}{950}=1005.3\ (N\cdot m)$$

$$T_{max}=\lambda_m T_N=2.4\times1005.3=2412.72\ (N\cdot m)$$

任务 2.2 三相异步电动机的使用和维修

2.2.1 技能目标

会维修三相异步电动机。

2.2.2 知识要点

(1) 三相异步电动机的起动性能、调速性能、制动性能。

(2) 单相异步电动机的工作原理。

2.2.3 知识准备

2.2.3.1 三相异步电动机的起动

1. 起动性能

电动机接通三相电源后，开始起动，转速逐渐增高，一直到达稳定转速为止，这一过程称为起动过程。在生产过程中，电动机经常要起动、停车，其起动性能优劣对生产有很大的影响，所以，要考虑电动机起动性能，选择合适的起动方法至关重要。

异步电动机的起动性能，包括起动电流、起动转矩、起动时间和起动设备的经济性、可靠性等，其中最主要的是起动电流和起动转矩。

电动机起动时，转差率 $s=1$，旋转磁场以最大的相对转速切割绕组。此时转子的感应电动势最大，转子电流也最大，而定子绕组中便跟着出现了很大的起动电流 I_{st}，其值约为额定电流 I_{1N}的 4～7 倍。

电动机的起动过程是非常短暂的，一般小型电动机的起动时间在 1s 以内，大型电动机的起动时间约为十几秒到几十秒。由于起动过程很短，同时在起动过程中电动机不断地加速，随着 s 的减小，E_2、I_2 和 I_1 均随之减小，这表明定子绕组中通过很大的起动电流的时间并不长，如果不是很频繁地起动，则不会使电动机过热而损坏。但过大的起动电流会使电源内部及供电线路上的电压降增大，以致使电力网的电压下降，因而影响接在同一线路的其他负载的正常工作。例如，使附近照明灯亮度减弱，使邻近正在工作的异步电动机的转矩减小等。

由此可见，电动机在起动时既要把起动电流限制在一定数值内，同时又要有足够大的起动转矩，以便缩短起动过程，提高生产率。

下面分别来研究笼形和线绕式电动机的起动方法。

2. 笼形电动机的起动

(1) 直接起动。直接起动也称全压起动，这种方法是在定子绕组上直接加上额定电压来起动的，其电路如图2.14所示。如果电源的容量足够大，而电动机的额定功率又不太大（根据经验，电源容量一般应大于电动机容量25倍），则电动机的起动电流在电源内部及供电线路上所引起的电压降较小，对邻近电气设备的影响也较小，此时便可采用直接起动。

一般中小型机床上的电动机，其功率多数在10kW以下，通常都可采用直接起动。

直接起动的优点是设备简单，操作便利，起动过程短，因此只要电网的情况允许，总是尽量采用直接起动的。

(2) 降压起动。这种方法是在起动时利用起动设备，使加在电动机定子绕组上的电压 U_1 降低此时磁通 Φ 随 U_1 成正比地减小，其转子电动势 E_2、转子起动电流 I_{2st} 和定子电路的起动电流 I_{1st} 也随之减小。由于 $T\propto U_1^2$，所以在降压起动时，起动转矩也大大降低了。因此，这种方法仅适用于电动机在空载或轻载情况下的起动。

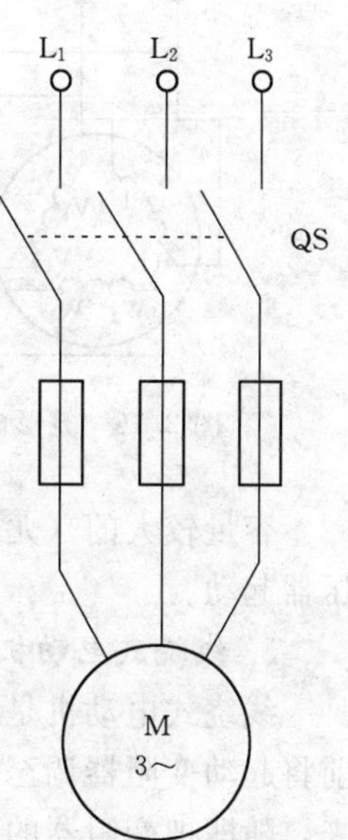

图2.14　直接起动电路

常用的降压起动方法有下列几种：

1) 定子电路串接电阻起动。这种起动电路如图2.15所示。起动时，先合上电源开关 QS_1，此时起动电流要在电阻 R 上产生电压降，故加到电动机两端的电压减小，使起动电流减小。待转速升高后，再合上开关 QS_2，把电阻 R 短接，使电动机在额定电压下工作。由于起动时电路的阻抗主要是感抗，而阻抗是电阻和感抗的“向量和”，所以在这种起动方法中需要串接较大的电阻才能得到一定的电压降。这样就消耗了大量电能。

如在定了电路中串接电抗器，亦可达到减小起动电流的目的。其起动电路与图2.15类似，故不赘述。

2) Y—△起动。如果电动机在正常运转时作三角形连接（例如电动机每相绕组的额定电压为380V，而电力网的线电压亦为380V）则起动时先把它改接成星形，使加在绕组上的电压降低到额定值为 $1/\sqrt{3}$，因而 I_{1st} 减小。待电动机的转速升高后，再通过开关把它改接成三角形，使它在额定电压下运转。Y—△起动的电路如图2.16所示。利用这种方法起动时，其起动转矩只有直接起动的1/3。

Y—△起动的优点是起动设备的费用小，在起动过程中没有电能损失。

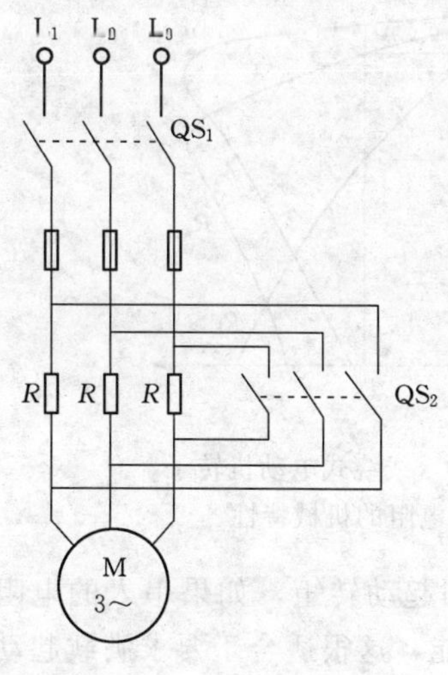

图2.15　笼形电动机定子串电阻起动电路

3) 用自耦变压器起动。如图2.17所示，把开关S放在起动位置，使电动机的定子绕组接到自耦变压器的副方。此时加在定子绕组上的电压小于电网电压，从而减小了起动电

流。等到电动机的转速升高后，再把开关S从起动位置迅速扳到运行位置。电动机便直接和电网相接，而自耦变压器则与电网断开。

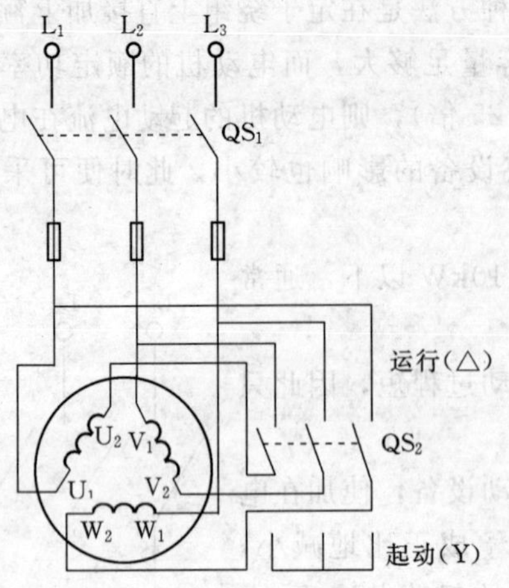

图 2.16 笼形电动机 Y—△起动电路

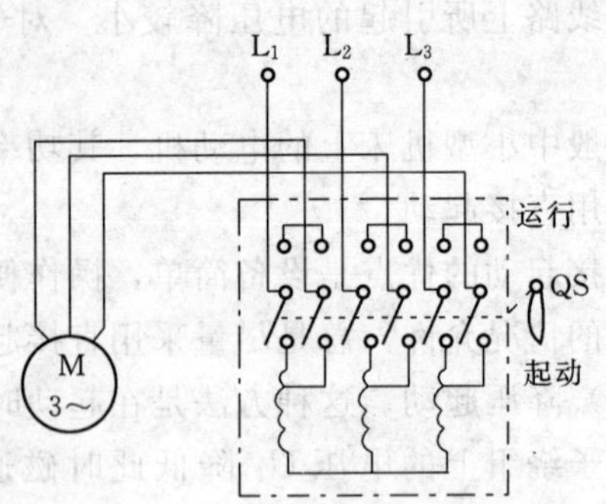

图 2.17 自耦变压器起动电路

容量较大的（尤其是大容量而且在正常工作时作 Y 连接的）笼形电动机采用自耦变压器起动。

3. 线绕式电动机的起动

线绕式电动机是在转子电路中接入电阻来进行起动的，其电路如图 2.18 所示。起动前将起动变阻器调至最大值的位置，当接通定子上的电源开关，转子即开始慢速转动起来，随即把变阻器的电阻值逐渐减小到零位，使转子绕组短接，电动机就进入工作状态。电动机切断电源停转后，还应将起动变阻器回到起动位置。

线绕式电动机转子串入不同电阻时的机械特性如图 2.19 所示。

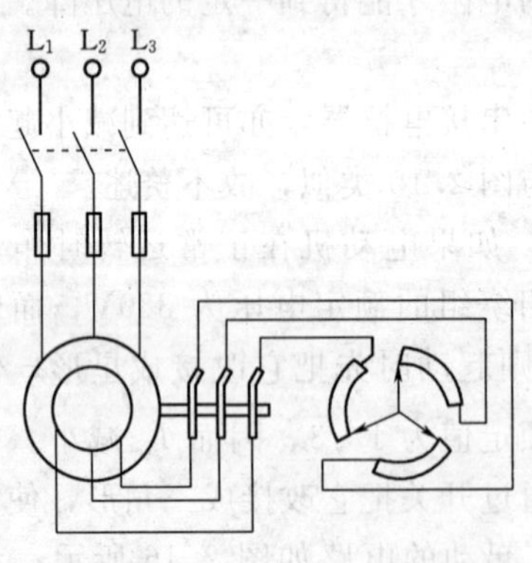

图 2.18 线绕式电动机转子串电阻起动电路

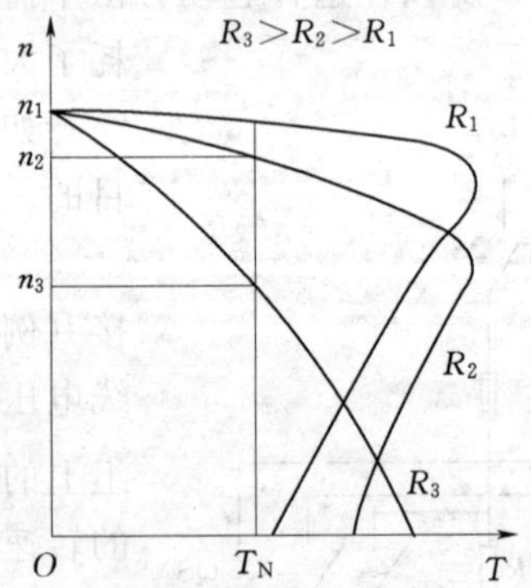

图 2.19 线绕式电动机转子串电阻的机械特性

从图 2.19 中可以看出，转子回路串联电阻后，可以增加起动转矩，如果串入的电阻适当就可以使起动转矩等于最大转矩，以获得较好的起动性能，这很适合于要求满载起动工作机械（如起重机）。采用转子串电阻方法不仅能增大起动转矩，同时减小了起动时的转子电流，也就相应地减小了定子的起动电流，可谓一举两得。

尽管线绕式电动机的起动性能较好，但笼形电动机由于具有构造简单、价格便宜、工作可靠等优点，所以在不需要大的起动转矩的生产机械上通常还是采用笼形电动机。

【例 2.4】　一台笼形三相异步电动机，已知：$P_N=60\text{kW}$，$U_N=380\text{V}$，$I_N=136\text{A}$，$n_N=1450\text{r/min}$，起动电流倍数 $K_I=6.5$，$\lambda_s=1.1$，求直接起动时的起动电流 I_{st} 和起动转矩 T_{st}。

解　直接起动时的起动电流为

$$I_{st}=K_I I_N=6.5\times136=884\ (\text{A})$$

起动转矩为

$$T_{st}=\lambda_s T_N=1.1\times9550\times\frac{60}{1450}=434.69\ (\text{N}\cdot\text{m})$$

2.2.3.2　三相异步电动机的调速、反转和制动

1. 异步电动机的调速

有些生产机械在工作中需要调速，例如，金属切削机床需要按被加工金属的种类、切削工具的性质等来调节转速。此外，像起重运输机械在快要停车时，应降低转速，以保证工作的安全。

用人为的方法，在同一负载下，使电动机的转速从某一数值改变为另一数值，以满足工作的需要，这种情况称为“调速”。

由转差率 $s=(n_1-n)/n_1$ 可知，电动机的转速 n 与同步转速 n_1 之间的关系为

$$n=(1-s)\ n_1=(1-s)\ \frac{60f_1}{P}$$

因此，可以通过改变电源频率 f_1、转差率 s 和磁极对数 P 等方法来调速异步电动机的转速。

(1) 改变电源频率 f_1。电力网的交流电频率为 50Hz，因此用改变 f_1 的方法来调速，就必须有专门的变频设备，以便对电动机的定子绕组供给不同频率的交流电。起初由于变频设备相当复杂，且费用较大，所以，仅在少数有特殊需要的地方（如有些纺织机械上）采用这种调速方法。

目前，由于变频技术的发展，变频调速的应用已日益广泛。

(2) 改变转差率。改变转子电路的电阻 R_2，可以实现改变转差率调速，也就是说在线绕式电动机的转子电路中，接入一个调速变阻器（起动变阻器不可代用），便可用它来进行调速。

(3) 改变定子绕组的磁极对数 P。用这种方法来调速时，定子的每相绕组必须是由两个相同的部分所组成，这两部分可以串联也可以并联。在串联时其极对数是并联时的两倍，而转子的转速则为并联时一半。由于定子绕组的磁极对数只能成对的改变，所以转速也只能整倍数来调节。

绕组的磁极对数可以改变的电动机称为“多速电动机”。最常见的是双速电动机。如果定子上装有两套独立的绕组，而且其中一套绕组做成可用上述方法产生两种磁极对数，因此总共有三种同步转速，即为三速电动机。

由于上述调速方法比较经济、简便，故常用在金属切削机床上或其他生产机械上，来代替笨重的变速箱。

2. 异步电动机的反转

在生产上常需要使电动机反转。如前所述，异步电动机转子的旋转方向是同旋转磁场的旋转方向一致的。因此，只要把接到电动机上的三根电源线中的任意两根对调一下，电动机便会反向旋转。

3. 异步电动机的制动

当电动机与电源断开后，由于电动机的转动部分有惯性，所以电动机仍继续转动，要经过一段时间才能停转；但在某些生产机械上要求电动机能迅速停转，以提高生产率，为此，需要对电动机进行制动。制动的方法较多，以下仅对反接制动和能耗制动作简要说明。

(1) 反接制动。反接制动电路如图 2.20 (*a*) 所示。在电动机需由运行状态进入制动时，将开关S由上方位置扳向下方位置，由于电源的换相，旋转磁场便反向旋转，转子绕组中的感应电动势及电流的方向也都随之改变，如图 2.20 (*b*) 所示。此时转子所产生的转矩，其方向与转子的旋转方向相反，故为一制动转矩，用 T_Z 表示。在制动转矩的作用下，电动机的转速很快地下降到零。当电动机的转速接近于零时，应立即切断电源，以免电动机反向旋转。

(2) 能耗制动。当切断图 2.21 (*a*) 中的开关S使电动机脱离三相电源后，可立即把S扳到向下位置，使定子绕组中通过直流电。于是在电动机内便产生一个恒定的不旋转磁场如图 2.21 (*b*) 所示。此时转子由于机械惯性继续旋转，因而转子导线切割磁力线，产生感应电动势和电流。载有电流的导体在恒定磁场的作用下，受到制动力 F_Z，产生制动转矩 T_Z，使转子转动迅速停止。这种制动方法就是把电动机轴上的旋转动能转变为电能，消耗在制动电阻上，故称为能耗制动。

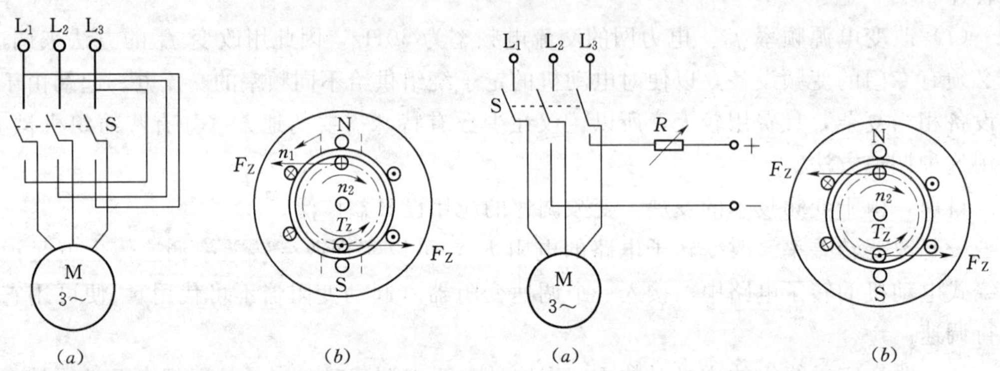

图 2.20　三相异步电动机反接制动
(*a*) 反接制动电路；(*b*) 反接制动原理

图 2.21　三相异步电动机能耗制动
(*a*) 能耗制动电路；(*b*) 能耗制动原理

两种制动方法相比，各有其优缺点。反接制动的优点是制动力强，制动迅速，无需直流电源；缺点是制动过程中冲击强烈，易损坏传动零件，频繁地反接制动，会使电动机过热而损坏。能耗制动的优点是制动力较强且平稳，无冲击；缺点是需要直流电源，在电动机功率较大时直流制动设备价格较贵，低速时制动转矩较小。

2.2.3.3　单相异步电动机

采用单相交流电源供电的电动机称为单相电动机。单相异步电动机的容量一般在

750W 以下，与同容量的三相异步电动机相比，它的体积较大，运行性能较差，但是它结构简单、成本低廉、运行可靠、维修方便，通常广泛应用在小容量的场合，如电扇、洗衣机、油泵、砂轮机、空调等。

单相异步电动机根据运行原理的不同分为电容分相单相异步电动机、电阻分相单相异步电动机和单相罩极式电动机。

1. 电容分相单相异步电动机

电容分相异步电动机在结构上同三相笼形电动机在结构上基本相同，也是由定子、转子、机座和端盖几大部分组成。转子多为笼形，定子绕组有所不同，它是由两套绕组组成。

如果定子只有一套单相绕组，当通过单相交流电时，所产的只是一个变化的脉冲磁场，而不是旋转磁场。这个磁场每一事瞬间在空气隙中各点的分布都按正弦规律，同时随电流在时间上也作正弦变化，所以是一个“交变脉冲磁场”。理论证明：“交变脉冲磁场”是由大小相等、方向相反的两个“旋转磁场”合成的，故在转子上感应产生的合成电磁转矩为零（即一种动态平衡），所以转子不能自行起动。如果通过外力使转子向某一方向转动一下，它就能沿着该方向不停地旋转下去。

为了使单相异步电动机能自行起动，电容分相单相异步电动机在定子铁芯上安装两套绕组，一套是工作绕组 U_1U_2（或称主绕组），一套是起动绕组 Z_1Z_2（或称辅助绕组），这两套绕组在空间位置上相差 90°。起动绕组与一电容串联后与工作绕组并连接单相交流电源，如图 2.22 所示。

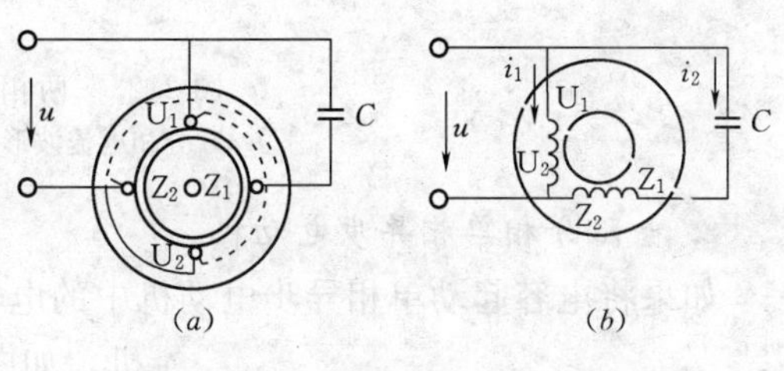

图 2.22　电容分相单相异步电动机

(a) 结构示意图；(b) 电路原理图

接通电源后，由于起动绕组 Z_1Z_2 串有电容，将使起动绕组中电流 i_2 被移相，如果电容 C 选择适当可使 i_2 在相位上超前工作绕组电流 i_1 相位 90°，这就叫“分相”。两个电流可分别表示为

$$i_1 - I_{1m}\sin\omega t$$

$$i_2 = I_{2m}\sin\ (\omega t + 90°)$$

i_1 和 i_2 的波形如图 2.23（a）所示。这样，在空间相差 90°的两个绕组，分别通入在相位上相差 90°的两相电流，也能产生“旋转磁场”。

仿照三相正弦电流产生旋转磁场的做法，选取图 2.23（a）中的 5 个时刻，在图 2.23（b）的绕组位置上绘出了磁场的分布情况。可以看到，分相后的“两相”电流产生的磁场也是在空间旋转的，转子也将会跟随磁场按同样方向旋转起来，电动机起动后电容所在的起动绕组 Z_1Z_2 可以切除也可以参与运行。因此，根据起动绕组是否参与正常运行，电容分相单相异步电动机又可分为电容运行单相异步电动机（起动绕组参与正常运行）和电容起动单相异步电动机（电动机正常运行后切除起动绕组）。

如果要改变电动机旋转方向，只要将起动绕组的两端 Z_1Z_2 对调连接即可，当然也可以对调工作绕组的两端 U_1U_2 来实现。需要注意的是对调电源两根接线是不可以改变电动机旋转方向的。

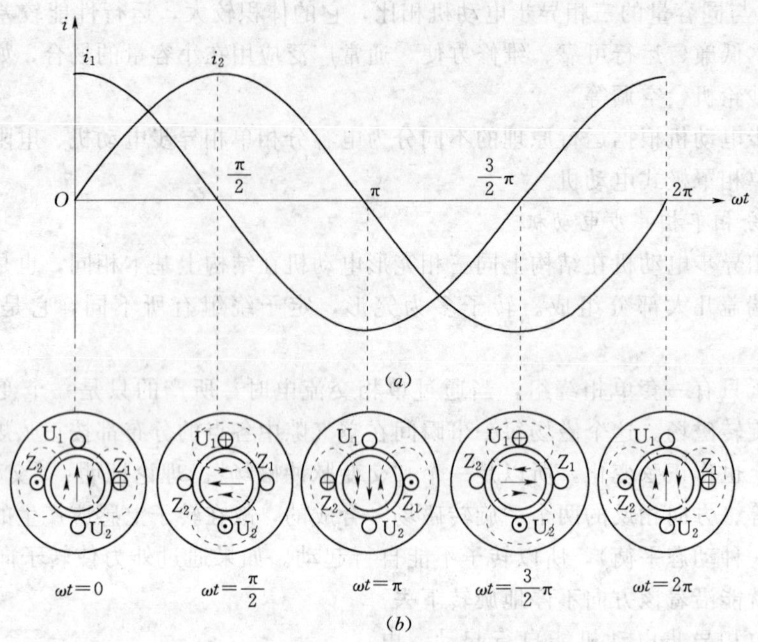

图 2.23 两相旋转磁场的产生

(a) 分相电流波形；(b) 两相旋转磁场

2. 电阻分相单相异步电动机

如果将电容起动单相异步电动机中的电容换成电阻，就构成了电阻起动单相异步电动机，如图 2.24 所示。图 2.24 中开关 S 一般采用离心开关，离心开关是由旋转部分和静止部分组成，旋转部分安装于电动机转轴上，与电动机一起旋转，而静止部分则安装在端盖或机座上。当电动机停止时，离心开关是闭合的，当电动机转动起来并达到一定转速时，离心开关断开。该开关触点的动作是依靠离心力来实现的故称为离心开关。

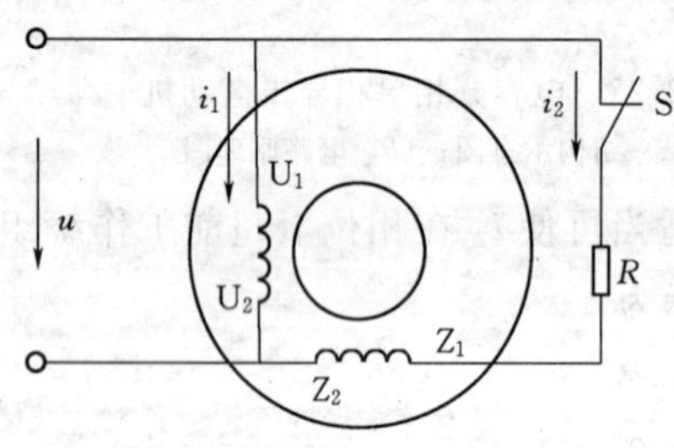

图 2.24 电阻分相单相异步电动机原理图

电阻起动电动机的起动绕组 Z_1Z_2 的导线比工作绕组 U_1U_2 的导线细，所以起动绕组的电阻比工作绕组大，另外起动绕组回路中又串入了一个电阻 R，这样在电动机接上电源后，流过起动绕组的电流与主绕组中的电流就有了一个相位差，在定子与转子气隙中产生旋转磁场，使转子获得转矩而转动，当转速达到一定数值后，离心开关 S 断开，切除起动绕组，电动机进入运行状态。这种电动机起动转矩不大，宜于空载起动。

2.2.4 任务实施 三相异步电动机的使用和维修

1. 电动机正确使用的运行条件

合理选用和正确使用电动机是保证其正常运行的两个重要环节，合理选用如上所述，正确使用应保证以下 3 个运行条件。

(1) 电源条件。电源电压、频率和相数应与电动机铭牌数据相等。电源电压为对称系统、电压额定值的偏差不超过±5%（频率为额定值时）；频率的偏差不得超过±1%（电

压为额定值时)。

(2) 环境条件。电动机运行地点的环境温度不得超过 40℃，适用于室内通风干燥等。

(3) 负载条件。电动机的性能应与起动、制动、不同定额的负载以及变速或调速等负载条件相适应，使用时应保持负载不得超过电动机额定功率。

2. 正常运行中维护注意事项

(1) 电动机在正常运行时的温度不应超过允许的限度。运行时，值班人员应经常注意监视各部位的温升情况。

(2) 监视电动机负载电流。电动机过载或发生故障时，都会引起定子电流剧增，使电动机过热。电气设备都应有电流表监视电动机负载电流，正常运行的电动机负载电流不应超过铭牌上所规定的额定电流值。

(3) 监视电源电压、频率的变化和电压的不平衡度。电源电压和频率的过高或过低，三相电压的不平衡都会造成电流不平衡，都可能引起电动机过热或其他不正常现象。电流不平衡度不应超过 10%。

(4) 注意电动机的气味、振动和噪声。绕组因温度过高就会发出绝缘焦味。有些故障，特别是机械故障，很快会反映为振动和噪声，因此在闻到焦味或发现不正常的振动或碰擦声，特大的嗡嗡声或其他杂音时，应立即停电检查。

(5) 经常检查轴承发热、漏油情况，定期更换润滑油，滚动轴承滑脂不宜超过轴承室容积的 70%。

(6) 对绕线型转子电动机，应检查电刷与集电环间的接触、电刷磨损以及火花情况，如火花严重必须及时清理集电环表面，并校正电刷弹簧压力。

(7) 注意保持电动机内部清洁，不允许有水滴、油污以及杂物等落入电动机内部。电动机的进风口必须保持畅通无阻。

项目3 直 流 电 机

直流电机是直流发电机和直流电动机的总称。直流电机是可逆的，即一台直流电机既可作为发电机运行，又可作为电动机运行。当用作发电机时，将机械能转换为电能；当用作电动机时，将电能转换为机械能。直流发电机和直流电动机在结构上没有差别，它们都是依据电磁感应原理而工作。

和交流电动机比较，直流电动机具有良好的起动性能和调速性能。其特点是：起动、制动、过载转矩大；调速范围宽，调速的经济性和平滑性好；易于控制，可靠性高。因此广泛应用于对调速性能要求较高的机械设备上，如矿井卷扬机、挖掘机、大型机床、电力机车、船舶推进器、纺织及造纸机械等。

直流发电机主要用作各种直流电源，如直流电动机电源，交流同步发电机励磁电源，蓄电池充电电源以及电解、电镀、冶炼用直流电源等。

直流电机的结构和制造工艺较复杂、生产成本较高、维护较困难，使它的应用受到一定限制，尤其是随着电力电子技术的发展，特别是大功率电力电子器件的出现，可控的直流电源已基本取代直流发电机。在直流电动机方面，采用晶闸管调速系统的交流电动机也有替代直流电动机的趋势。但从使用方便可靠、供电质量高等方面来说，直流电动机和直流发电机都占有一定的地位。

任务3.1 直流电机的基础知识

3.1.1 技能目标

（1）能说明直流电机的工作原理。

（2）能识读电机铭牌。

3.1.2 知识准备

（1）熟悉直流电动机的主要结构、励磁方式。

（2）掌握直流电动机的基本工作原理及铭牌。

（3）了解直流电动机换向装置的功能及绕组构成。

（4）掌握电枢电势和电磁转矩表达式。

（5）掌握直流电动机电势平衡、功率平衡和转矩平衡关系。

（6）掌握直流电机的机械特性。

（7）理解直流电动机的工作特性。

3.1.3 知识要点

3.1.3.1 直流电机的结构和工作原理

1. 直流电机的结构

直流电机主要由定子和转子（电枢）两大部分构成。定子和电枢之间的间隙称为气隙。定子的主要作用是产生主磁场并作为机械支撑，它主要由主磁极、换向磁极、机

座和电刷装置组成。电枢的作用是产生感应电动势和电磁转矩，它主要由电枢铁芯、电枢绕组、换向器、转轴和风扇组成。直流电机的径向和轴向剖面示意图分别如图3.1和图3.2所示。下面分别介绍各主要部件的构造和作用。

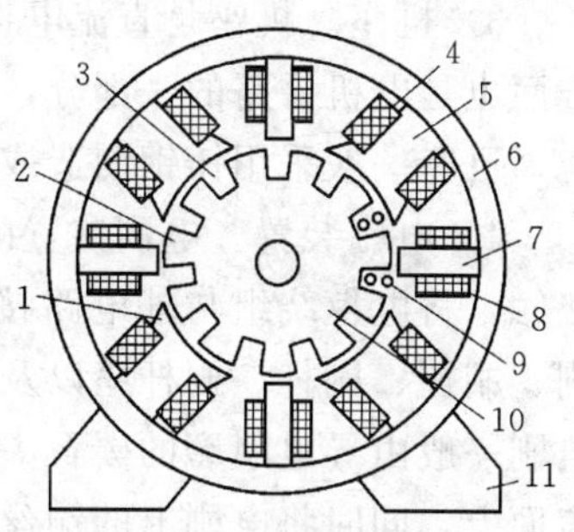

图3.1 直流电机径向剖面图

1—极靴；2—电枢齿；3—电枢槽；4—励磁绕组；5—主磁极；6—磁轭；7—换向极；8—换向极绕组；9—电枢绕组；10—电枢铁芯；11—地脚

（1）定子。

1）主磁极。主磁极的作用是产生主磁场，它由主磁极铁芯和励磁绕组构成。

主磁极铁芯包括极身和极靴两部分，如图3.3所示。极靴要比极身宽，以减小极面下气隙的磁阻，改善气隙磁通沿空间的分布。当电枢转动时，为了减小涡流损耗，主磁极铁芯一般采用1～1.5mm厚的低碳钢板冲片叠压而成。

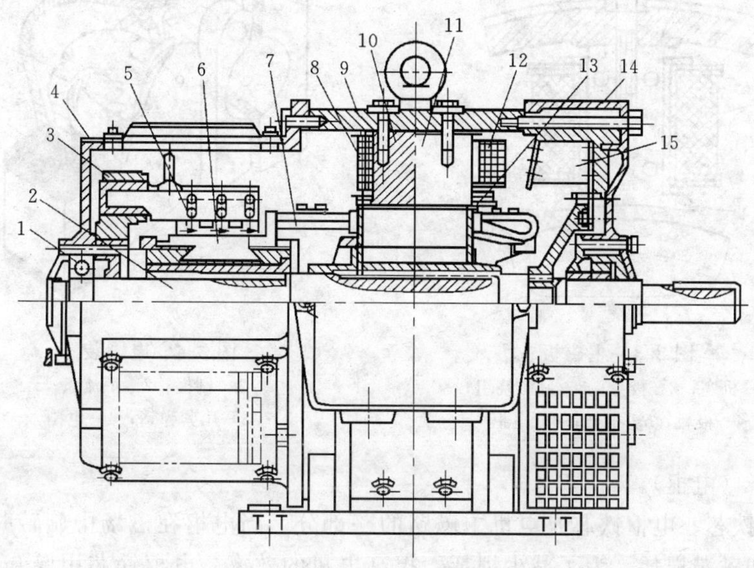

图3.2 直流电机轴向剖面图

1—轴承；2—轴；3—刷架；4—前端盖；5—电刷；6—换向器；7—电枢绕组；8—换向极绕组；9—机座；10—换向极铁芯；11—主磁极铁芯；12—主磁极绕组；13—电枢铁芯；14—后端盖；15—风扇

励磁绕组是用绝缘铜导线绕成，套在主磁极铁芯的极身上。绕组和铁芯之间用绝缘纸或云母绝缘，最后经过浸漆处理。整个主磁极用螺杆固定在机座上，如图3.3所示。各极励磁绕组之间一般采用串联连接，而且连接时要保证相邻主磁极的极性按N、S极交替排列。

2）换向磁极。换向磁极的作用是用以改善换向。它由换向极铁芯和换向极绕组两部分构成。由于换向极与转子之间有较大的气隙，在换向极铁芯中产生的涡流损耗较小，因此铁芯一般用整块钢加工而成。绕在铁芯上的换向极绕组和电枢绕组相串联。换向极装在两主磁极之间的几何中性线上，其极数一般和主磁极的极数相等。在小功率的直流电机中，不装或只装仅为主磁极数一半的换向极。

3）机座。机座是直流电机的外壳，一方面用来固定主磁极、换向极和端盖等，另一方面也是电机磁路的一部分，这部分磁路称为定子磁轭。为保证良好的机械强度和导磁性能，机座一般采用铸钢制造或用厚钢板卷制焊接而成。

4）电刷装置。电刷装置的作用是用来固定电刷，并使电刷与旋转的换向器保持滑动接触，将电枢绕组与外电路接通，使电流经电刷输入电枢或从电枢输出。电刷装置由电刷、刷握、刷杆、刷杆座以及汇流条等构成，图 3.4 所示是刷握和电刷的一种结构形式。电刷一般由导电耐磨的碳石墨材料制成，放在刷握的刷盒中，由压紧弹簧把它压在换向器表面上，同时将电刷上的铜丝辫固定在刷棒上。刷握则不经绝缘固定在刷杆上（刷杆数一般等于磁极数）。而全部的刷杆都固定在刷杆座上。小型电机的刷杆座装在端盖或轴承内盖上，大型电机的刷杆座则装在机座上。刷杆座应能偏转，以便调整电刷在换向器表面上的位置。

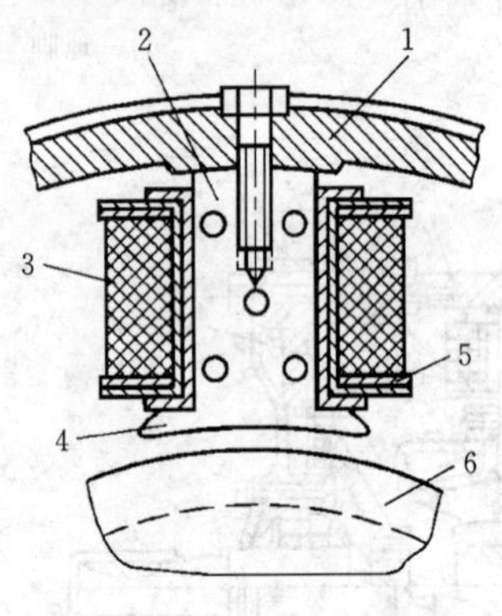

图 3.3 主磁极

1—机座；2—极身；3—励磁绕组；4—极靴；5—框架；6—电枢

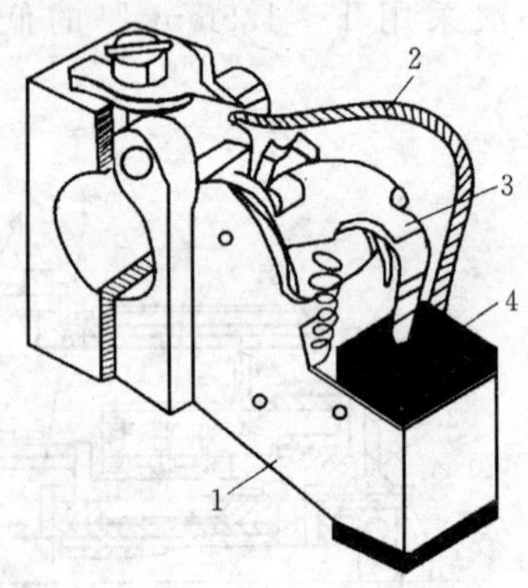

图 3.4 电刷装置

1—刷握；2—汇流条；3—压紧弹簧；4—电刷

（2）转子（电枢）。

1）电枢铁芯。电枢铁芯是电机主磁路的一部分。当电枢在磁场中旋转时，电枢铁芯将产生涡流和磁滞损耗。为了减少损耗，提高电机的效率，电枢铁芯用厚 0.5mm 并涂有绝缘漆的硅钢片冲片叠压而成。冲片上冲有嵌放绕组的矩形槽或梨形槽和一些轴向通风孔，如图 3.5 所示。容量较大的电机，为了加强散热冷却，除了有轴向通风孔外，还将电枢铁芯沿轴向分成数段，每段长 4～10cm，两段之间留有 8～10mm 的径向通风沟。图 3.5（*b*）是电枢铁芯的装配图。

2）电枢绕组。电枢绕组是电机结构的重要部分，感应电动势、电流和电磁转矩的产生，机械能和电能的相互转换都是在这里进行。电枢绕组的结构对电机参数和性能都有影响。电枢绕组也是比较容易出现故障的地方，它将直接影响到电机的正常运行。有关电枢绕组的结构和绕制规律请读者参阅《电机学》中的相关内容。

3）换向器。换向器也是直流电机的重要部件，在直流电动机中，它的作用是将电刷两端的直流电流转换为绕组内的交变电流；在直流发电机中，它将绕组内的交变电动势转换为电刷两端的直流电压。换向器由多个相互绝缘的换向片组成。换向片之间用云母绝缘，换向器结构形式如图 3.6 所示。

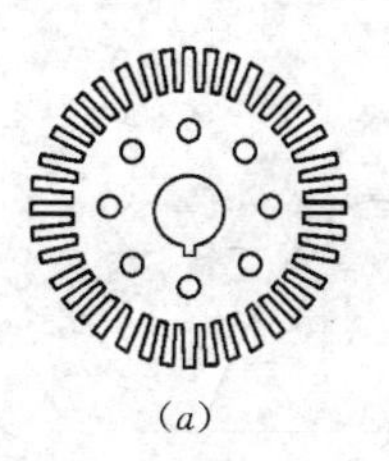

(*a*)

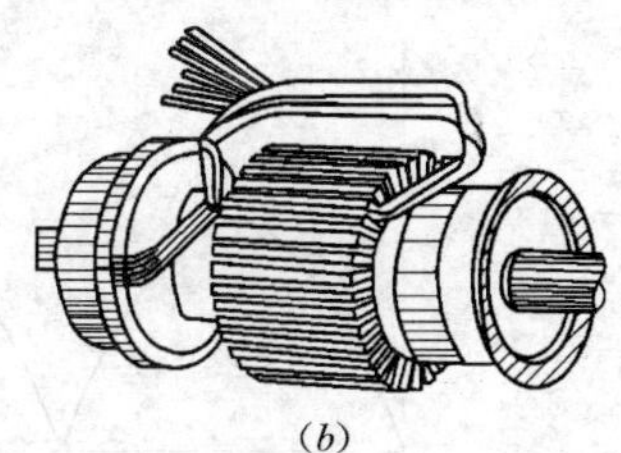

(*b*)

图 3.5　电枢结构

(*a*) 电枢铁芯冲片；(*b*) 电枢铁芯装配图

片间云母 换向片 V形槽 金属套筒 云母

(*a*)　(*b*)

图 3.6　换向器

(*a*) 换向片；(*b*) 金属套筒换向器

4）转轴。转轴是支撑电枢铁芯和输出（或输入）机械转矩的部件，它必须具有足够的刚度和强度，以保证负载时气隙均匀及转轴本身不致断裂。转轴一般用圆钢加工而成。

2. 直流电机的工作原理

（1）直流发电机的工作原理。图 3.7 所示为一台两极直流发电机工作原理简图。定子部分是两个在空间固定的主磁极 N、S，它一般采用电磁铁，也可用永久磁铁。在两个主磁极之间，有一个可以转动的铁质圆柱体就是电枢，电枢上面固定一个线圈，有效边为 *ab*、*cd*。线圈的两个出线端分别接到两个彼此绝缘的半圆形铜质换向片上，两个换向片构成的圆柱体就是一个最简单的换向器。它固定在转轴上，随轴一起转动，并与轴绝缘。为了使线圈与外电路接通，换向器与空间固定的电刷 *A* 和 *B* 相接触。

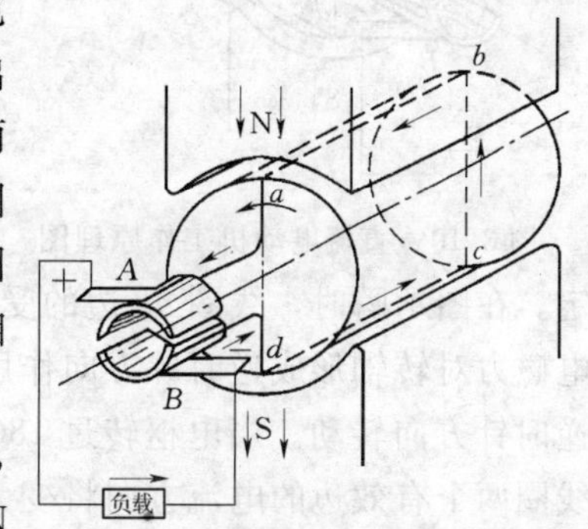

图 3.7　直流发电机工作原理图

当发电机的电枢由原动机拖动逆时针恒速旋转时，根据电磁感应定律，线圈的 *ab* 边和 *cd* 边将分别切割 N 极和 S 极下的磁力线而感应电动势，感应电动势的方向可用右手定则确定。如图 3.7 所示瞬时，线圈 *ab* 边处于 N 极下，其电动势方向为 $b \to a$，并通过换向片引到电刷 *A*，因此电刷 *A* 的极性为正，线圈 *cd* 边处于 S 极下，电动势的方向为由 $d \to c$，所以电刷 *B* 的极性为负。当电枢逆时针转过 180°后，线圈 *cd* 边电动势的方向变为由 $c \to d$，*ab* 边电动势的方向变为由 $a \to b$。虽然两个线圈边电动势的方向都发生改变，但由于 *cd* 边通过换向片变为与电刷 *A* 接触，电刷 *A* 仍为正极性。同理可分析出电刷 *B* 仍为负极性。进一步分析可看出，随着电枢连续旋转，线圈的每个边要交替的切割 N 极和 S 极磁力线而感应出交变电动势，若沿电枢表面磁通密度是按正弦规律分布的，则电枢旋转一周时，线圈中感应电动势随时间变化的曲线为图 3.8 所示的正弦曲线。但由于进入到 N 极下的线圈边总是和电刷 *A* 相接触，进入到 S 极下的线圈边总是和电刷 *B* 相接触，因此刷 *A* 始终是正极性，刷 *B* 始终是负极性，所以在电刷 *A*、*B* 之间引出的是方向不变的直流电动势。

需要指出，刷间电动势方向虽然不变，但由于电枢只有一个线圈，因此电动势的数值要在最大值和零之间变动，是一个单方向的脉动电动势，其波形如图 3.9 所示。为了降低电动势的脉动程度和提高电动势的幅值，在实际电机中，电枢上面嵌放许多线圈，并按一定规律连接起来。

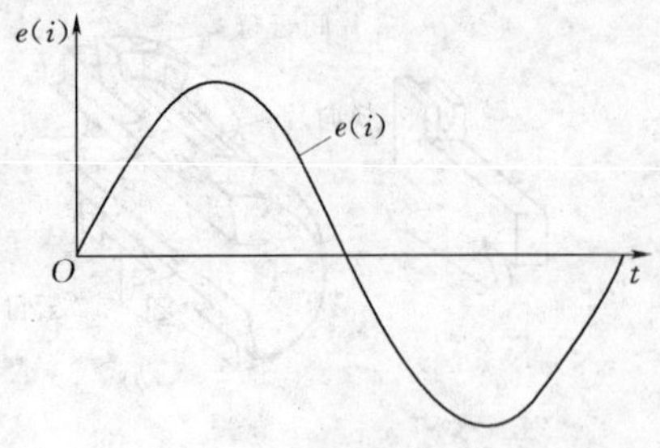

图 3.8 直流发电机电枢绕组感生电动势波形

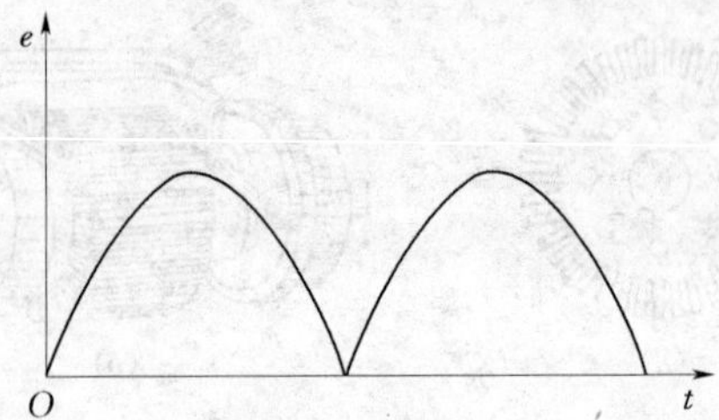

图 3.9 直流发电机刷间感生电动势波形

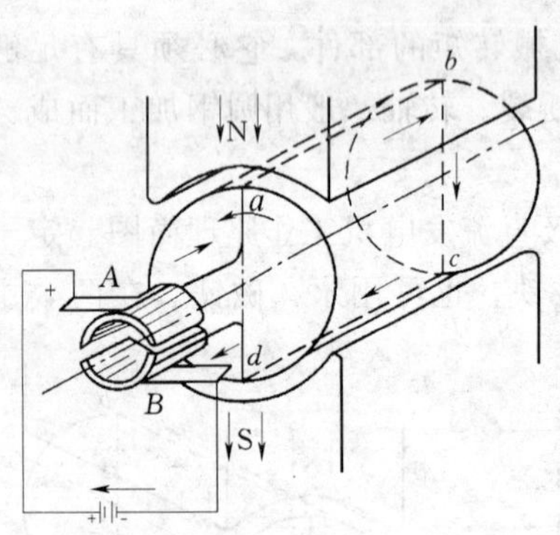

图 3.10 直流电动机工作原理图

(2) 直流电动机工作原理。把图 3.7 所示直流发电机的原动机撤掉，使电刷 A、B 两端接于直流电源，如图 3.10 所示。该直流电机就会运行在电动工作状态，并且把输入的直流电能转换为机械能输出。

由图 3.10 可以看出，当电刷 A 接到电源 E 的正极，电刷 B 接到电源 E 的负极时，电流将从电刷 A 通过换向片流入线圈 $abcd$，并从电刷 B 流出。N 极下线圈有效边的电流方向是由 $a \rightarrow b$；S 极下线圈边电流方向是由 $c \rightarrow d$。根据电磁力定律，线圈的 ab 边和 cd 边将分别受到电磁力的作用，电磁力的方向可按左手定则确定。在图示瞬时，线圈 ab 边的受力方向为自右向左，cd 边的受力方向为自左向右，两个电磁力对转轴形成逆时针方向作用的力矩，即电磁转矩。在电磁转矩的作用下，电枢将沿逆时针方向转动。当电枢转过 180°时，线圈的 ab 边转到 S 极下，cd 边转到 N 极下，此时线圈两个有效边的电流方向将变为由 $d \rightarrow c$ 和由 $b \rightarrow a$。按左手定则可确定，此时进入 N 极下的 cd 边所受电磁力的方向为自右向左，进入 S 极下的 ab 边所受电磁力的方向为自左向右，因此电磁转矩的作用方向仍为逆时针。由此可看出，由于电刷 A 总是通过换向片和进入 N 极下的线圈边相连接；电刷 B 总是通过换向片和进入 S 极下的线圈边相连接，在电刷两端所接电源极性不变时，电流总是通过电刷 A 流入到 N 极下的线圈边，再沿 S 极下的线圈边经电刷 B 流向电源。因此电磁力和电磁转矩的方向能始终保持不变，从而使电机沿逆时针方向连续旋转。

(3) 直流电机的可逆性。通过上述对直流发电机和直流发动机工作原理的分析可看出，直流电机原则上既可作发电机运行，也可作电动机运行。当用原动机拖动电枢旋转即输入机械功率时，在电刷两端就会输出直流电能，此时电机作发电机运行；当在电刷两端接直流电源即输入直流电能时，电机将通过电枢拖动生产机械旋转从而输出机械能，电机又作电动机运行。以上所述就是直流电机可逆运转的原理。发电状态和电动状态不是两种孤立的状态，而是电磁机械统一体矛盾着的两个方面。无论发电机还是电动机，都要产生电枢电动势和电磁转矩。但它们又有着不同的特性：在发电机状态下，电动势与电流方向相同，电磁力矩与旋转方向相反，为制动力矩；在电动机状态下，电动势与电流方向相反，为反电动势，电磁力矩与转向相同，为驱动力矩。

(4) 直流电机的电枢电动势。电枢绕组切割气隙磁通而产生的感应电动势简称为电枢

电动势，也就是指正、负电刷之间的感应电动势。其有效值为

$$E_a = BLv \tag{3-1}$$

式中：v 为导体运动的线速度，m/s。

直流电动机的电枢绕组由许多导体按一定规律连接，保证所有导体的感应电动势都是叠加的，即电枢电动势与每根导体中的感应电动势成正比。导体运动的线速度 v 与电枢绕组的转速 n 成正比。由于习惯上用磁通来表示各个电量，根据电枢绕组的结构、绕制规律和电磁感应的有关知识推导出（详细推导过程可参阅《电机与拖动》相关内容）感应电动势的表达式为

$$E_a = C_e \Phi n \tag{3-2}$$

式中：C_e 为电枢电动势常数，与电动机的结构有关；n 为电动机的转速。

由式（3-2）可以看出，电枢电动势与每极磁通 Φ 和转速 n 成正比，对于直流电动机，电枢电动势的方向与电枢电流方向相反，所以电枢电动势也称为反电势，它总是阻碍电枢电流的变化。

（5）直流电机的电磁转矩。直流电动机的电磁转矩 T_M 是由电枢绕组通入直流电后，在主磁场的作用下使得电枢绕组的导体受到力 F 的作用而形成的。根据电磁力定律，电枢绕组通入直流电后，每根有效导体受到的力可以表示为

$$F = BIL \tag{3-3}$$

式中：B 为电磁感应强度，与每极磁通 Φ 成正比；L 为每根有效导体的长度，取决于电机的结构，是个定值；I 为每根导体中的电流，与电枢电流 I_a 成正比。

直流电动机受到的电磁转矩 T 是由所有有效的导体所受电磁力 F 共同产生的，正比于电磁力 F，根据电磁感应的有关知识推导出电磁转矩的表达式为

$$T_M = C_T \Phi I_a \tag{3-4}$$

式中：C_T 为电磁转矩常数，与电机结构有关；Φ 为每极磁通，Wb；I_a 为电枢电流，A；T_M 为电磁转矩，N·m。

由式（3-4）可以看出，电磁转矩 T_M 与每极磁通 Φ 和电枢电流 I_a 成正比，其方向取决于 Φ 和 I_a 的方向。

对于同一台电机，电动势系数 C_e 和电磁转矩常数 C_T 之间的关系为

$$C_T = 9.55 C_e$$

直流电动机的额定转矩 T_N 的计算公式和交流电动机相同，即

$$T_N = 9.55 \frac{P_N}{n_N} \tag{3-5}$$

其中，T_N 的单位为 N·m，P_N 的单位为 W，n_N 的单位为 r/min。

3.1.3.2　直流电机的磁场和铭牌

1. *直流电机的磁场*

（1）直流电机的励磁方式。主磁极励磁绕组中通入直流电流产生的磁动势称为励磁磁动势，励磁磁动势产生的磁场称为励磁磁场，又称为主磁场。励磁绕组的供电方式称为励磁方式。根据励磁方式的不同，直流电机分为他励和自励两类。他励直流电机的励磁绕组与电枢绕组之间无电的联系，由两个独立电源分别给励磁绕组和电枢绕组供电，如图 3.11（*a*）所示。自励直流电机的励磁电流由自身供给，根据励磁绕组与电枢绕组的连接

关系，又可以分为并励、串励和复励三种。并励直流电机的励磁绕组与电枢绕组并联，励磁绕组上所加的电压就是电枢电路两端的电压，如图 3.11（*b*）所示。对并励直流电动机 $I=I_a+I_f$，并励直流发电机 $I_a=I+I_f$。串励直流电机的励磁绕组与电枢绕组串联，如图 3.11（*c*）所示，这种直流电动机的励磁电流就是电枢电流，即 $I_f=I_a$。复励直流电机的主磁极上装有两个励磁绕组，一个与电枢绕组并联，称为并励绕组；另一个与电枢绕组串联，称为串励绕组。这两个励磁绕组若产生的磁动势方向相同称为积复励，否则称为差复励，两种连接方式分别如图 3.11（*d*）、（*e*）所示。

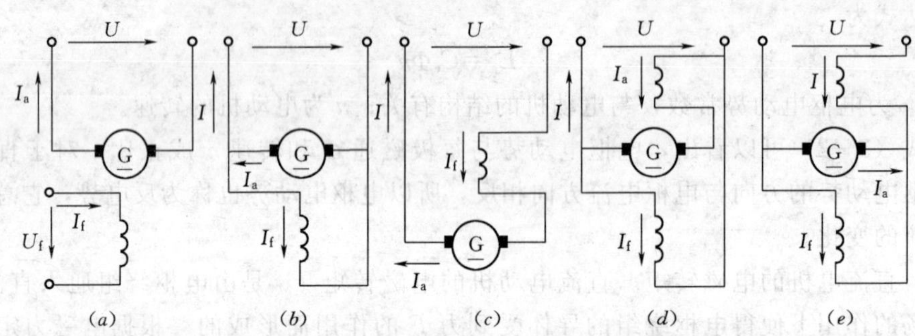

图 3.11 直流电机的励磁方式

（*a*）他励；（*b*）并励；（*c*）串励；（*d*）积复励；（*e*）差复励

励磁绕组所消耗的功率虽然仅占直流电机额定功率的 1%～3%，但是直流电机的性能随着励磁方式的不同将产生很大差别。一般自动控制系统所用的直流电动机主要是他励直流电动机。这主要是因为当改变他励直流电动机的电枢电压进行调速控制时，不影响其磁场，使其具有良好的控制特性。

（2）直流电机的空载磁场。直流电机的空载是指电机无负载的一种运行状态。发电机的空载状态是指电枢两端不接任何负载而开路的状态；电动机的空载状态是指转轴上不接任何生产机械空转状态。这时，不论是发电机还是电动机，输出功率皆为零，在忽略电机损耗的理想情况下，电动机输入功率和电枢电流 I_a 也等于零。所以直流电机的空载磁场可以看作是主磁极励磁磁动势单独作用产生的主磁场。

在直流电机中，空载时磁极下面的磁场分布情况如图 3.12 所示。由于沿气隙各点的磁阻并不相同，在极面下的磁阻较小，而在两极之间气隙处磁阻较大，故在极面下磁通密度较高，而在两极之间的气隙处，磁通密度显著降低。如果忽略齿和槽的影响，气隙中磁通的分布情况便形成如图 3.12 所示的波形。

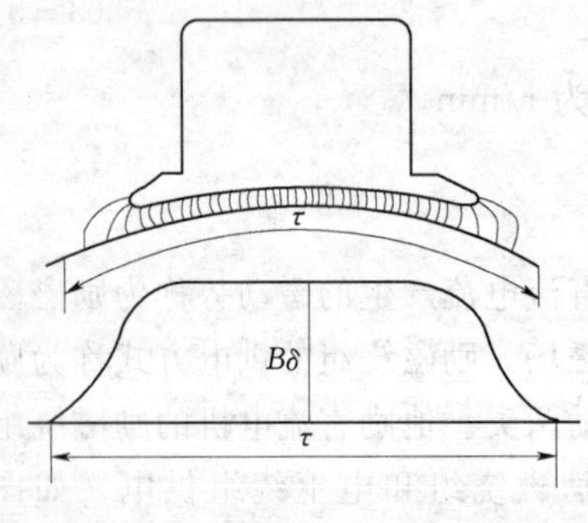

图 3.12 空载时磁极下面的磁场分布

图 3.13 表示了四极直流电机磁路的一部分，整个磁路由气隙、电枢齿、电枢磁轭、主磁极和定子磁轭五个部分组成。除气隙外，其他部分均由磁性材料组成，但总磁动势的大部分消耗于气隙中，由此可见，气隙长度的微小变化，都会对电机的性能产生很大的影响。

空载时，主磁场的分布如图 3.14（*a*）所示。主磁通从 N 极经过电枢铁芯指向 S 极。主磁极轴线左右两侧的磁力线对称分布，几何中性线上磁通密度等于零。

(3) 直流电机负载时的磁场及电枢反应。当电机有了负载后，便有电流流过电枢绕组，从而产生电枢磁场。此时电机内部同时存在着主磁极磁动势和电枢磁动势，从而使电机气隙磁场发生了从空载到负载的变化，电枢磁动势对气隙磁场的这种影响称为电枢反应。

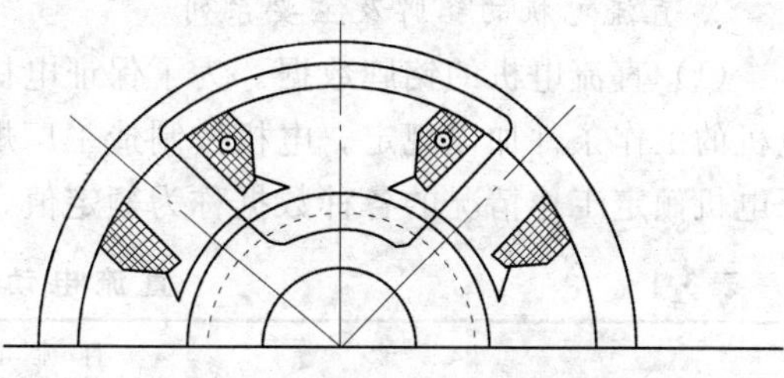

图 3.13 空载时直流电机的磁路

图 3.14 (*b*) 表示电枢磁场的分布。为了简明起见，电枢线圈只画一层，并认为电枢是光滑的，省去换向器，电刷放在几何中性线上直接与线圈边接触，电刷轴线以上所有导体中的电流方向都是流入纸面，电刷轴线以下的所有导体中的电流方向都是流出纸面。由此可见，电枢磁动势的轴线与电刷轴线相重合。

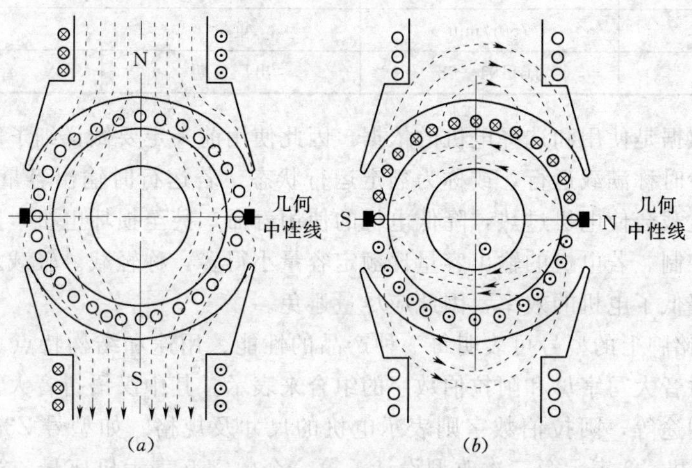

图 3.14 直流电机的主磁场和电枢磁场

(*a*) 主磁场分布；(*b*) 电枢磁场分布

如不考虑磁路的饱和，将主磁场和电枢磁场叠加起来，便得到图 3.15 表示的负载时的合成磁场分布波形。从图 3.15 中可以看出，电枢磁场使主磁场一半加强，另一半削弱。合成磁场的分布波形不再对称于主磁极轴线，而是发生了畸变。

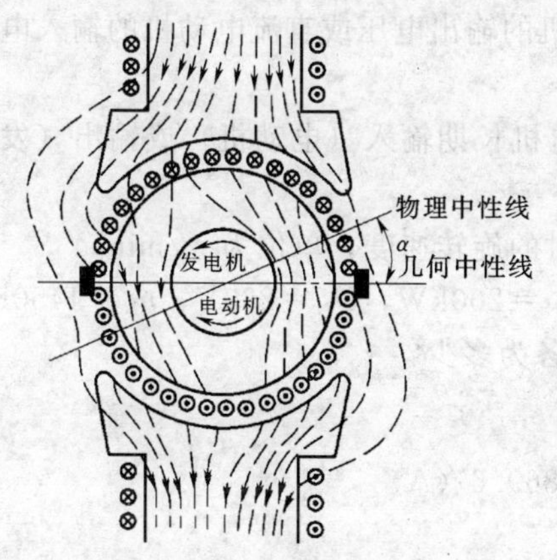

图 3.15 直流电机的负载磁场分布

电枢反应使电枢表面磁通密度等于零处偏离了几何中性线。在此定义电枢表面磁通密度等于零的那条直线为物理中性线。由图 3.15 可见，负载时由于电枢磁场的影响，直流电机中的物理中性线与几何中性线已不再重合。对电动机而言，物理中性线逆电机旋转方向移过一个不大的 α 角。在发电机中，则顺电机旋转方向移过 α 角。

将主磁场和合成磁场比较，便可看出电枢磁场对主磁场的影响，概括起来电枢反应的影响主要是呈去磁作用和使气隙磁场分布发生畸变。

2. 直流电机的铭牌及主要系列

(1) 直流电机的铭牌数据。为了保证电机安全而有效地运行，电机制造厂都对它出产电机的工作条件加以规定。电机按制造工厂规定条件工作的情况，称为额定工作情况。表征电机额定工作情况的各种数据称为额定值。这些数据都列在电机的铭牌上，见表3.1。

表3.1　　直流电动机的名牌

直流电动机			
型号	Z3—95	产品编号	7009
结构类型		励磁方式	他励
功率	30kW	励磁电压	220V
电压	220V	工作方式	连续
电流	160.5A	绝缘等级	定子B转子B
转速	750r/min	重量	685kg
标准编号	JB1104—68	出厂日期	年　月

铭牌上的数据是使用和选择电机的依据，因此使用前一定要做详细了解。当电机恰好运行于额定容量时称满载运行，或称为额定运行状态。若运行时输出容量超过额定容量，称过载运行。过载会使电机过热，降低电机的使用寿命，甚至损坏电机，因此过载的程度和时间应严格控制。若电机的输出容量比额定容量小得多，称轻载。轻载对设备和能量都是一种浪费，降低了电机的效率，因此应尽量避免。

1) 型号。铭牌上的型号可表明每一种产品的性能、用途和结构特点。国产直流电机型号采用汉语拼音大写字母和阿拉伯数字的组合来表示。其中汉语拼音大写字母表示电机的结构特点和用途等，阿拉伯数字则表示电机的尺寸及规格。如型号Z3—95的含义为：Z表示直流电动机，3表示第三次改型设计；第一个数字9表示机座号，第二个数字5表示铁芯长度。

2) 额定功率 P_N。指电机在额定运行状态时的输出功率，对发电机是指出线端输出的电功率，等于额定电压与额定电流的乘积，即 $P_N=U_N I_N$；对电动机是指其轴上输出的机械功率，等于额定电压与额定电流的之积再乘以机械效率，即 $P_N=\eta_N U_N I_N$。额定功率单位为W或kW。其中，η_N 为额定效率。

3) 额定电压 U_N。指额定运行状况下，直流发电机的输出电压或直流电动机的输入电压，单位为V。

4) 额定电流 I_N。指空载电压和额定负载时允许电机长期输入（电动机）或输出（发电机）的电流，单位为A。

5) 额定转速 n_N。指电机在额定电压和额定负载时的旋转速度，单位为r/min。

【例3.1】 一台直流发电机的额定数据如下：$P_N=200$kW，$U_N=230$V，$n_N=1450$r/min，$\eta_N=90\%$，求该发电机的额定电流和输入功率各为多少？

解

$$P_N=U_N I_N$$

$$I_N=\frac{P_N}{U_N}=\frac{200\times10^3}{230}=869.6\ (\text{A})$$

$$P_1=\frac{P_N}{\eta_N}=\frac{200}{0.9}=222.2\ (\text{kW})$$

【例 3.2】　一台直流电动机额定数据如下：$P_N=160kW$，$U_N=220V$，$n_N=1500r/min$，$\eta_N=90\%$，求额定电流和输入功率各为多少？

解

$$P_N=\eta_N U_N I_N$$

$$I_N=\frac{P_N}{\eta_N U_N}=\frac{160\times10^3}{0.9\times220}=808\ (A)$$

$$P_1=\frac{P_N}{\eta_N}=\frac{160}{0.9}=177.8\ (kW)$$

（2）直流电机的主要系列。为了使产品标准化和通用化，电机制造厂将电机制成不同的系列。所谓系列，就是将结构和形状基本相似，而容量按一定比例递增的多种电机。它们的电压、转速、机座号和铁芯长都有一定的等级。现将常用的直流电机系列简介如下。

1）Z、ZF、ZD 系列。此系列是电磁式小型直流发电机和直流电动机，其额定功率范围为 25～400W，额定转速范围为 1500～4000r/min，适合于小型机械传动。

2）Z4、Z2 系列。此系列是一般用途的中型电动机，适用于机床、造纸、水泥、冶金等行业，其额定转速范围为 320～1500r/min。

3）ZJF、ZJD 系列。此系列为大型直流发电机和直流电动机，适用于大型轧钢机、卷扬机及重型机械设备，其额定功率范围为 1000～5350kW。

4）S、SZ、SY 系列。此系列是直流伺服电动机，S 系列为老产品，SY 系列为永磁式直流伺服电动机，其功率很小，多用于仪表伺服系统。

5）ZCF、CYD、ZYS、CY 系列。此系列是直流测速发电机。其中 ZCF 系列为他励直流测速发电机；CYD 为永磁式低速直流测速发电机；ZYS 为普通永磁式直流测速发电机，它的额定输出电压较高，为 55V 或 110V；CY 系列是直流永磁式测速发电机，可供小功率系统作测速反馈元件，它的输出电压较低，其电动势为 5V。

6）ZZJ—800 系列。轧钢机辅助传动用直流电动机。

7）ZKJ 系列。冶金、矿山挖掘机用直流电动机。

3.1.3.3　直流发电机的运行原理

1. 直流发电机的基本平衡方程式

直流电机的基本平衡方程式是指其电动势平衡方程式、转矩平衡方程式及功率平衡方程式。直流发电机的励磁方式不同，平衡方程式有所差别。下面以他励发电机为例分析其平衡方程式。

（1）电动势平衡方程式。在写出直流发电机稳态运行时的基本平衡方程式之前，按发电机惯例规定好正方向，如图 3.16 所示。图 3.16 中 U 是电机负载两端的端电压，I_a 是电枢电流，T_1 是原动机的拖动转矩，n 是电机电枢的转速等。根据所规定的正方向和各物理量的大小及正负就可以判断出电机实际运行于发电机状态，还是电动机状态。

根据图 3.16 所示的正方向，根据基尔霍夫第二定律，电枢回路电动势平衡方程式为

$$E_a=U+I_aR_a \tag{3-6}$$

式中：R_a 是电枢回路电阻和正、负电刷的接触电阻之和。

由式（3-6）可以看出，直流发电机电枢电动势 E_a 大于电枢端电压 U，其方向与电枢电流 I_a 的方向相同。

（2）转矩平衡方程式。直流发电机以转速 n 稳态运行时，作用在电枢上的转矩共有三

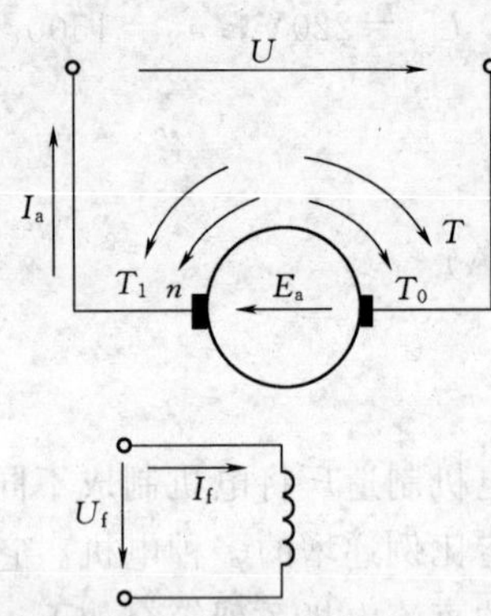

图 3.16 他励直流发电机惯例

个：①原动机拖动发电机的驱动转矩 T_1，其方向与电枢转向相同；②电枢电流与气隙磁场相互作用而产生的具有制动性质的电磁转矩 T_M；③由电机的机械摩擦以及铁损耗引起的空载转矩 T_0。T_0 永远与转速的方向相反。由能量守恒原理得

$$T_1 = T_M + T_0 \tag{3-7}$$

（3）功率平衡方程式。根据以上转矩平衡方程式和电动势平衡方程式，可以得到功率平衡方程式。将式（3-6）乘以电枢电流 I_a 得

$$E_a I_a = UI_a + I_a^2 R_a$$

$$P_M = P_2 + p_{Cua} \tag{3-8}$$

式中：P_2 为直流发电机输给负载的电功率，$P_2 = UI_a$；P_M 为电磁功率，$P_M = E_a I_a$；p_{Cua} 为电枢回路的总铜耗，$p_{Cua} = I_a^2 R_a$。

将转矩平衡方程式式两边同乘以角速度 Ω，得

$$T_1 \Omega = T_M \Omega + T_0 \Omega$$

从而得出发电机的功率平衡方程式为

$$P_1 = P_M + p_0 \tag{3-9}$$

式中：P_1 为原动机输入功率的机械功率，$P_1 = T_1 \Omega$；P_M 为电磁功率，$P_M = T_M \Omega$；p_0 为发电机的空载损耗功率，$p_0 = T_0 \Omega = p_m + p_{Fe}$，其中 p_m 是机械损耗，与转速有关，p_{Fe} 是铁损耗，与磁密大小及交变频率有关。

从式（3-9）可以看出，原动机输给发电机的机械功率 P_1 分成两部分：一部分供给发电机的空载损耗 p_0；其余转变为电磁功率 P_M。除此之外，还有少量的附加损耗 p_{ad}，由此可得功率平衡方程式为

$$P_1 = P_2 + p_{Cua} + p_m + p_{Fe} + p_{ad} = P_2 + \sum p \tag{3-10}$$

式中：总损耗 $\sum p = p_{Cua} + p_m + p_{Fe} + p_{ad}$。

直流发电机的效率为输出功率 P_2 和输入功率 P_1 之比，即

$$\eta = \frac{P_2}{P_1} = 1 - \frac{\sum p}{P_2 + \sum p} \tag{3-11}$$

他励直流发电机的功率传递过程如图 3.17 所示。

2. 直流发电机的运行特性

直流发电机通常工作在恒定的转速下，因此决定发电机运行特性的物理量是电机的端电压 U，励磁电流 I_f 和负载电流 I。通常直流发电机有以下三种比较重要的特性：

（1）负载特性。当 I=常数时，$U = f(I_f)$。如果 $I=0$，叫空载特性。

（2）外特性。当 I_f=常数时，$U = f(I)$。

（3）调节特性。当 U=常数时，$I_f = f(I)$。

以上特性中，空载特性与外特性较重要。下面介绍他励、并励直流发电机的重要运行特性。

（1）他励直流发电机特性。

1）空载特性。当 n=常数，负载电流 $I=0$ 时，电枢回路的电阻压降等于零，因此发电机的空载电压 U_0 等于

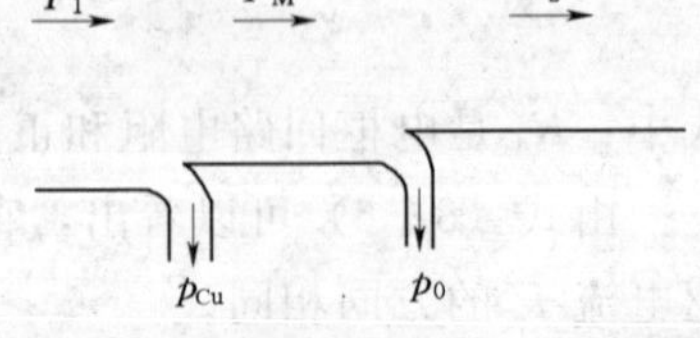

图 3.17 他励直流发电机功率流程

感应电动势 E_a，由式（3-2）和式（3-6）可知

$$U_0=E_a=C_e\Phi n$$

由于 n=常数，所以 U_0 正比于 Φ。而 $\Phi=f(I_f)$，所以空载特性曲线 $U_0=f(I_f)$ 与电机的磁化曲线 $\Phi=f(I_f)$ 在形状上完全相同。

空载特性可以用实验的方法求得，其接线图如图 3.18 所示。保持 n 不变，逐渐调节 R_f，使 I_f 从一个方向由零增大，这时 U_0 随着 I_f 的加大而逐步上升，直至 U_0=（1.1～1.3）U_N 为止。然后调节 R_f 使 I_f 逐步减少到零。再将励磁电源反向，使 I_f 反向加大，直至负的 U_0 等于（1.1～1.3）U_N 为止。再调节 R_f 使 I_f 逐步减少到零。在实验过程的每个步骤中，都要读取 U_0 和 I_f，根据读得的数据就可以绘出空载特性曲线，如图 3.19 所示。从图 3.19 中可以看出，曲线的上升分支和下降分支形成一个回环，这是由于电机铁芯有磁滞效应的缘故。在实际使用时，取上升分支和下降分支的平均曲线作为空载特性曲线，如图 3.19 中的虚线所示。一般情况下，电机的额定电压位于空载特性曲线的开始弯曲处（称为膝点）较合适，如图 3.19 中的 C 点所示。

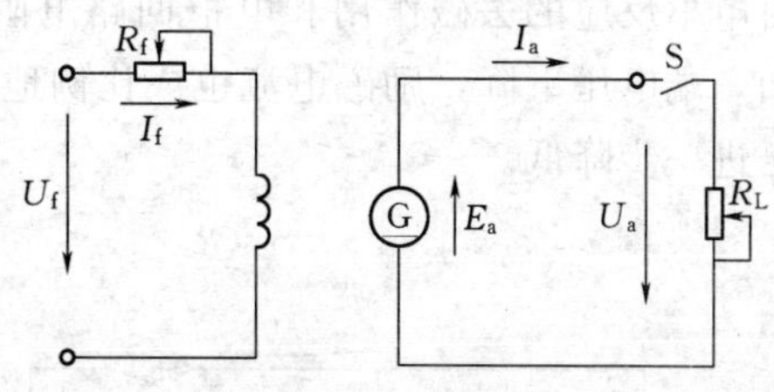

图 3.18　他励直流发电机的电气原理图

2）外特性。当转速 n 和励磁电流 I_f 为常数时，端电压随负载电流 I 而变化的曲线 $U=f(I)$ 称为外特性。其特性曲线同样可以由图 3.18 所示的实验线路测出。其测量方法是合上开关 S，并使转速 n 保持不变。改变负载电阻 R_L 和励磁回路电阻 R_f，使 $I=I_N$ 时，$U=U_N$。然后保持 R_f 不变，调节负载电阻 R_L 使 I 由 I_N 逐步降至零，每步都记下 U 和 I 的值，然后根据测出的数值可测绘出如图 3.20 所示的外特性曲线。

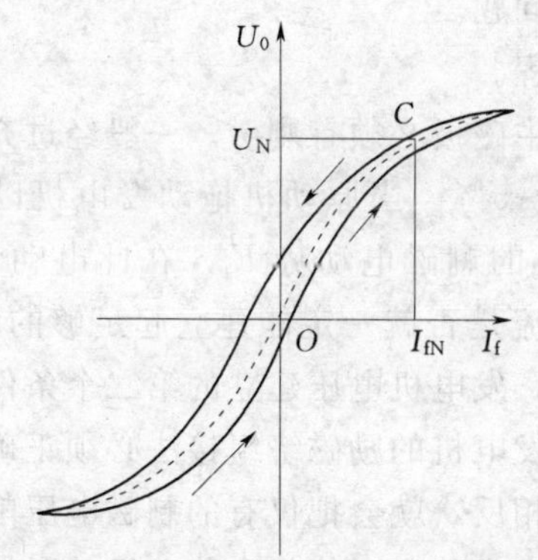

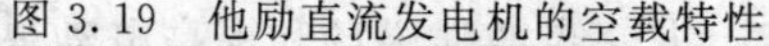

图 3.19　他励直流发电机的空载特性

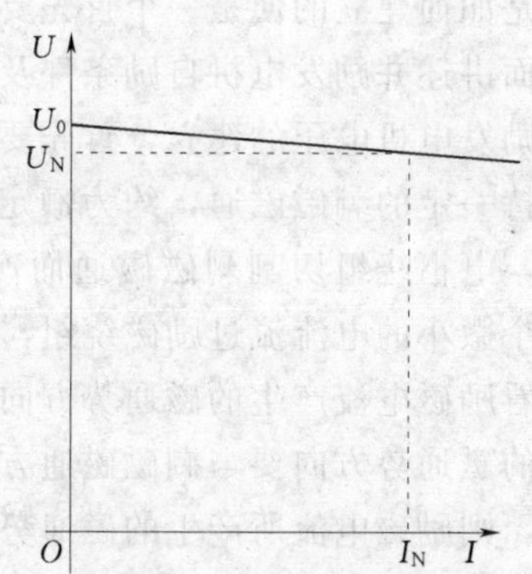

图 3.20　他励直流发电机的外特性

从图 3.20 中可以看出：随着负载电流的增加，发电机端电压逐渐下降。这是因为：由式（3-5）$U=E_a-I_aR_a$ 可知，当 I 加大时，电枢电阻压降 I_aR_a 增大，使端电压降低。由式（3-2）$E_a=C_e\Phi n$ 可见，当 I 加大时，由于电枢反应的去磁作用增强，使气隙磁通 Φ 减小，感应电动势 E_a 下降，从而使端电压 U 进一步降低。

（2）并励发电机的运行特性。并励发电机的接线图如图 3.21 所示。其中电枢电流 I_a 等于负载电流 I 与励磁电流 I_f 之和，也就是说，并励直流发电机的励磁电流是由发电机自身的端电压产生的，而端电压又是因为有了励磁电流 I_f 才能产生。由此可见，这种发电机有一个自己建立电压的过程，这个过程称为自励。在分析完外特性以后将讨论自励过程及自励条件。

1）外特性。图 3.22 中的曲线 1、2 分别是他励发电机、并励发电机的外特性。对比后可以看出，并励时电压变化率要大得多。他励时，励磁电流是不变的，端电压的下降仅由电枢反应的去磁作用和电枢回路电阻压降所引起的。而在并励时，随着负载电流的增加，端电压下降，励磁电流也成比例地减小，使每极磁通降低，从而使感应电动势和端电压进一步降低。

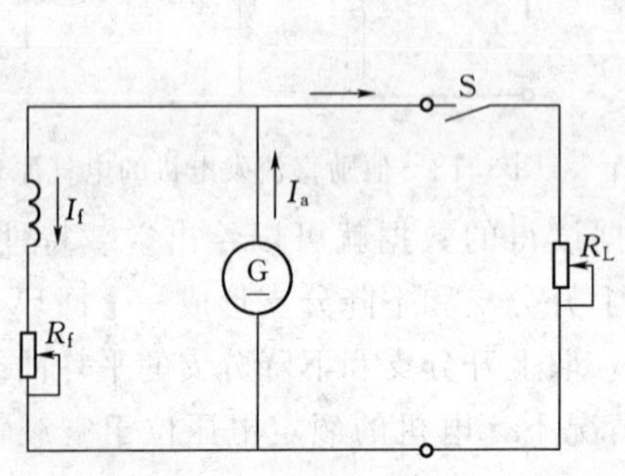

图 3.21　并励直流发电机的电气原理图

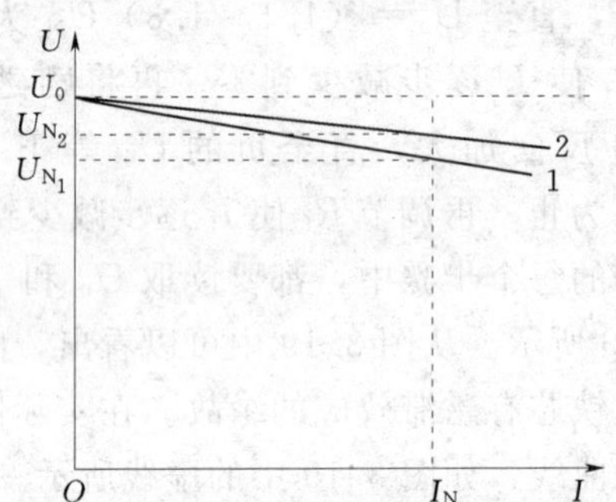

图 3.22　并（他）励直流发电机的外特性

2）自励过程和自励条件。并励发电机的接线图如图 3.21 所示。并励发电机的励磁绕组和电枢绕组并联，由发电机自己供给励磁，而不需要外电源供电。因此，电枢电流 I_a 等于负载电流 I 与励磁电流 I_f 之和。并励发电机的励磁电流取于自身，使用很方便，所以并励发电机是一种常用的发电机。既然并励发电机的励磁方式是自励的，那么发电机的端电压是如何建立的便是一个首先要解决的特殊问题。

下面讲述并励发电机自励条件及电压建立过程。

并励发电机电压的建立，首先要求发电机的主磁极必须有剩磁。一般经过充磁的发电机都保持一定的剩磁磁通，约为额定磁通的 2%～5%。当原动机拖动发电机以恒定转速旋转时，电枢绕组切割剩磁磁通而产生一个微小的剩磁电动势 E_r。在此电动势作用下，就有一个微小的电流流过励磁绕组，有了励磁电流是否就一定能建立起足够的电动势呢？这还要看励磁电流产生的磁通势方向而定。所以，发电机电压建立的第二个条件是励磁电流产生的磁通势方向要与剩磁磁通方向相同，即发电机的励磁绕组接法必须正确。如果接线错误，则励磁电流所产生的磁通势与剩磁方向相反，就会把仅有的剩磁电压削减，正常的电压就建立不起来。如果接法正确，励磁电流产生的磁通势就会使电机的磁场增强，电动势增高，较高的电动势又产生较大的励磁电流，进一步增强磁场和提高电动势。这样反复下去，电动势和励磁电流的增大有没有止境呢？实际上由于铁芯的磁饱和，它们最终是会稳定下来的。

为了研究并励发电机的自励过程和电压建立的稳定工作点，设发电机空载。图 3.23 中曲线 1 是电机的空载特性曲线，即 $U_0=f(I_f)$。曲线 2 是励磁回路的伏安特性曲线，即 $U_f=f(I_f)$。这两条曲线的交点 A 就是发电机空载时的工作点，这时发电机的端电压为 U_0，励磁电流为 I_{f0}。通过这两条曲线便可分析出并励发电机的自励过程。并励发电机旋转时，由于主磁极有剩磁，电枢绕组切割剩磁磁通产生电动势 E_r；在励磁回路中产生励

磁电流 I_{f1}。如果极性正确，I_{f1} 会在磁路中产生与剩磁方向相同的磁通，使气隙磁密增强，从而使电动势增大为 E_1，E_1 又使励磁电流增加到 I_{f2}。如此不断增大，互相促进，直到工作点 A 时，感应电动势和励磁回路电压相平衡方程式，即 $E=U_0=U_f$。由 U_0 产生的励磁电流 I_{f0}，而 I_{f0} 也是产生 $E=U_0$ 的励磁电流。所以 A 点是个稳定工作点。

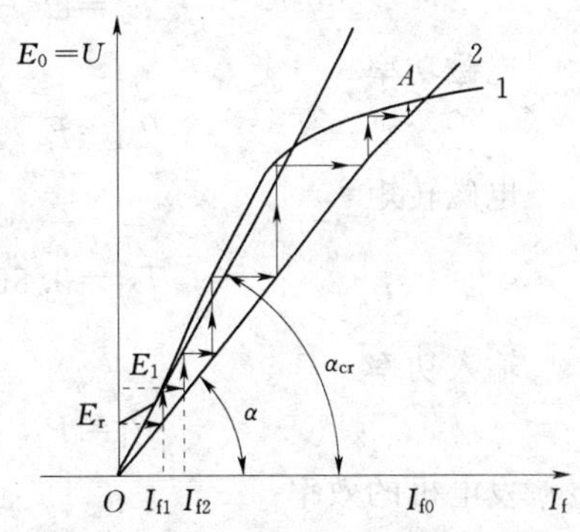

图 3.23　并励直流发电机的自励过程

交点 A 的位置并不固定。由图 3.23 可知，A 的位置受励磁回路的伏安特性曲线 2 的斜率影响。曲线 2 的斜率为

$$\tan\alpha=\frac{U_0}{I_{f0}}=\frac{U_f}{I_f}=\frac{I_fR_f}{I_f}=R_f$$

式中：R_f 为励磁回路的总电阻。

当 R_f 增大时，α 角也增大，A 点下移，当 α 大于 α_{cr} 时，发电机不能自励。若 α 的增加使曲线 1 与曲线 2 相切，便无固定的交点，发电机不能稳定运行。因此将对应 α_{cr} 的励磁回路总电阻叫自励临界电阻，用 R_{cr} 表示，即

$$\tan\alpha_{cr}=R_{cr}$$

通过上述对自励过程的分析可见，自励条件有三条：①电机的主磁路要有剩磁；②励磁绕组接法或电机转向正确，使励磁电流所产生的磁通与剩磁磁通同方向；③励磁回路的总电阻要小于自励临界电阻。

如果一台并励发电机不能建立电压时，应首先观察电枢电压表有无指示。如果电压表有微小指示，当减小励磁调节电阻时，电压反而降低；或断开励磁电路，电枢电压稍有回升，则说明励磁绕组极性不对，可调换励磁绕组两端的连接。如果在改变励磁调节电阻，甚至断开励磁电路时，电压表指针仍然停留在剩磁电压值位置不动，则说明励磁电路有断路点，电阻超过临界值。这时，可用欧姆计检查励磁电路断路点。如果电压完全没有指示，则可能是没有剩磁，可用另外的直流电源给励磁绕组通一下电流进行充磁，使剩磁得到恢复。

【例 3.3】　一台四极并励直流发电机，$U_N=230$V，$P_N=82$kW，$n_N=970$r/min，$R_a=0.0314\Omega$，励磁回路电阻 $R_f=26.3\Omega$，铁芯损耗及机械损耗 $p_{Fe}+p_m=2.3$kW，附加损耗 $p_{ad}=0.005P_N$，试求额定负载时电机的输入功率、电磁功率、电磁转矩和效率。

解　发电机额定电流

$$I_N=\frac{P_N\times10^3}{U_N}=\frac{82\times1000}{230}=356.5\ (\text{A})$$

励磁电流

$$I_f=\frac{U_N}{R_f}=\frac{230}{26.3}=8.74\ (\text{A})$$

额定电枢电流

$$I_{aN}=I_N+I_f=356.5+8.74=365.2\ (\text{A})$$

发电机电枢电动势

$$E_a = U_N + I_{aN}R_a = 230 + 365.2 \times 0.0314 = 241.4\ (\text{V})$$

电磁功率

$$P_M = E_a I_{aN} = 241.4 \times 365.2 = 88.2\ (\text{kW})$$

电磁转矩

$$T_M = 9.55\frac{P_M}{n} = 9.55\frac{88.2\times 10^3}{970} = 868\ (\text{N}\cdot\text{m})$$

输入功率

$$P_1 = P_M + p_{Fe} + p_m + p_{ad} = 88.2 + 2.3 + 0.005\times 82 = 90.91\ (\text{kW})$$

发电机的效率

$$\eta = \frac{P_2}{P_1}\times 100\% = \frac{82}{90.91}\times 100\% = 90\%$$

3.1.3.4 直流电动机的基本平衡方程式和机械特性

1. 直流电动机的基本平衡方程式

直流电动机的励磁方式不同，平衡方程式也有所差别。现以他励直流电动机为例分析平衡方程式。

(1) 电动势、转矩平衡方程式。在写出直流电动机稳态运行时的基本平衡方程式之前，按电动机的运行惯例规定好正方向，如图 3.24 所示为他励直流电动机的运行原理图。图 3.24 中 U 为直流电动机的电枢电压，I_a 是电枢电流，E_a 为电枢绕组的感应电动势，T_M 为电磁转矩，T_0 为电动机的空载转矩，T_2 为电机转轴上的输出转矩，T_L 为负载转矩，n 是电机电枢的转速。

根据图 3.24，可写出直流电动机稳态运行时的电动势平衡方程式和转矩平衡方程式为

$$U = E_a + I_aR_a \tag{3-12}$$

$$T_M = T_L = T_0 + T_2 \tag{3-13}$$

(2) 功率平衡方程式。根据以上转矩平衡方程式和电动势平衡方程式，可以得到功率平衡方程式。将式 (3-12) 乘以电枢电流 I_a 得

$$UI_a = E_aI_a + I_a^2R_a$$

则

$$P_1 = P_M + p_{Cua} \tag{3-14}$$

式中：P_1 为从电网输入的电功率，$P_1 = UI_a$；P_M 为电磁功率，$P_M = E_aI_a$；p_{Cua} 为电枢回路的总铜耗，$p_{Cua} = I_a^2R_a$。

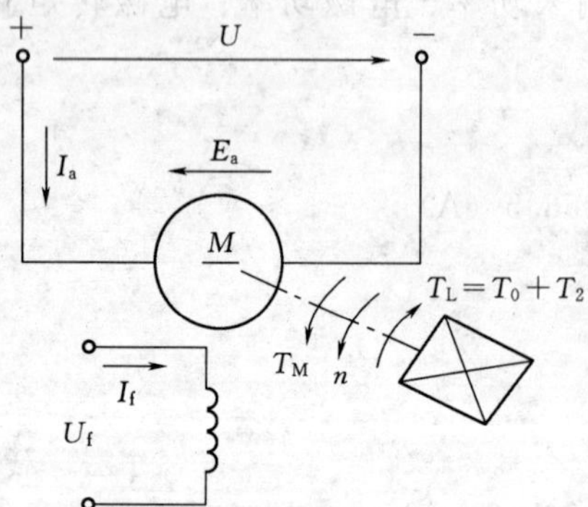

图 3.24 他励直流电动机运行原理图

将转矩平衡方程式 (3-13) 两边同乘以角速度 Ω，得

$$T_M\Omega = T_2\Omega + T_0\Omega$$

则

$$P_M = P_2 + p_0 \tag{3-15}$$

式中：P_M 为电磁功率，$P_M = T_M\Omega$；P_2 为输出的机械功率，$P_2 = T_2\Omega$；p_0 为空载损耗功率（包括机械摩擦和铁损耗），$p_0 = T_0\Omega = p_m + p_{Fe}$。

若考虑少量的附加损耗 p_{ad}，可得功率平衡方程式为

$$P_1=P_2+p_{Cua}+p_m+p_{Fe}+p_{ad}=P_2+\sum p \tag{3-16}$$

式中：总损耗$\sum p= p_{Cua}+p_\Omega+p_{Fe}+p_{ad}$。

直流电动机的效率为输出功率 P_2 和输入功率 P_1 之比，即

$$\eta=\frac{P_2}{P_1}=1-\frac{\sum p}{P_2+\sum p} \tag{3-17}$$

他励直流电动机的功率流程如图 3.25 所示。

图 3.25　他励直流电动机的功率流程图

【例 3.4】　一台并励直流电动机，$U_N=110V$，$P_N=7.5kW$，$I_N=82.2A$，$n_N=1500r/min$，$R_a=0.1014\Omega$，励磁回路电阻 $R_f=46.7\Omega$，忽略电枢反应。试求：

(1) 额定输出转矩。

(2) 额定电磁转矩。

(3) 理想空载转速。

解　(1) 额定输出转矩为

$$T_N=9.55\frac{P_N}{n_N}=9.55\times\frac{7.5\times10^3}{1500}=47.75\ (N\cdot m)$$

(2) 励磁电流为

$$I_f=\frac{U_N}{R_f}=\frac{110}{46.7}=2.36\ (A)$$

额定电枢电流为

$$I_{aN}=I_N-I_f=82.2-2.36=79.84\ (A)$$

感应电动势系数由式 (3-12) 有

$$U=E_a+I_aR_a=C_e\Phi n+I_aR_a$$

得

$$C_e\Phi=\frac{U_N-I_{aN}R_a}{n_N}=\frac{110-79.48\times0.1014}{1500}=0.068$$

电磁转矩系数

$$C_T\Phi=9.55C_e\Phi=9.55\times0.068=0.649$$

额定电磁转矩为

$$T_{MN}=C_T\Phi I_{aN}=0.649\times79.84=51.82\ (A)$$

(3) 理想空载转速为

$$n_0=\frac{U_N}{C_e\Phi}=\frac{110}{0.068}=1618\ (r/min)$$

2. 直流电动机的机械特性

电动机的机械特性主要是描述电动机的转速 n 与其电磁转矩 T_M 之间的关系，通常用 $n=f(T_M)$ 曲线表示。机械特性是描述电动机运行性能的主要特性，是分析直流电动机起动、调速和制动原理的一个重要依据。直流电动机的励磁方式不同，其机械特性有很大差别，在直流拖动中，他励直流电动机应用比较广泛，因此我们着重对他励直流电动机的机

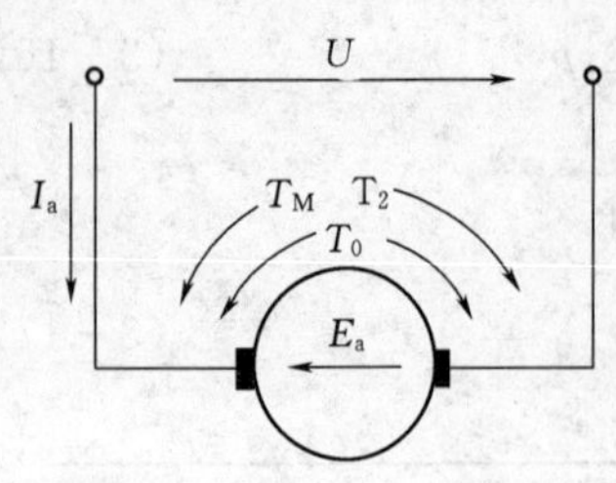

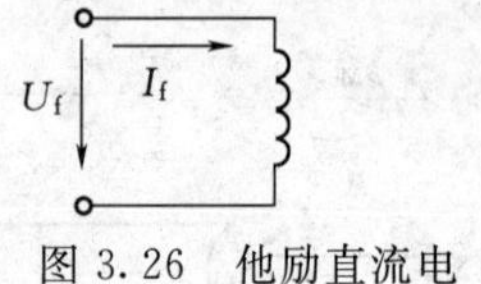

图 3.26 他励直流电动机的原理图

械特性进行比较全面的分析。

(1) 他励电动机的机械特性。他励直流电动机的电气原理图如图 3.26 所示。运用前面推出的几个基本平衡方程式和有关公式，即可导出机械特性方程式。

将式 (3-2) $E_a=C_e\Phi n$ 代入式 (1-12) $U=E_a+I_aR_a$，得出转速特性方程式为

$$n=\frac{U}{C_e\Phi}-\frac{R_a}{C_e\Phi}I_a \tag{3-18}$$

由式 (3-4) $T_M=C_T\Phi I_a$ 得

$$I_a=\frac{T_M}{C_T\Phi} \tag{3-19}$$

将式 (3-19) 代入式 (3-18) 得机械特性方程式为

$$n=\frac{U}{C_e\Phi}-\frac{R_a}{C_eC_T\Phi^2}T_M \tag{3-20}$$

假定电源电压 U、磁通 Φ、电枢回路电阻 R 都为常数，则式 (3-20) 可写为

$$n=n_0-\beta T_M \tag{3-21}$$

其中，$n_0=\frac{U}{C_e\Phi}$，$\beta=\frac{R_a}{C_eC_T\Phi^2}$。

式中：n_0 为电动机的理想空载转速，它是在理想空载 ($T_M=0$) 时的电动机的转速；β 为机械特性的斜率。

当改变电枢回路的附加电阻或磁通时，就改变了特性曲线的斜率。

(2) 他励直流电动机的固有机械特性。在 $U=U_N$，$\Phi=\Phi_N$ 和 $R_{ad}=0$ 的条件下，电动机的机械特性称为固有机械特性。根据固有特性的定义和他励直流电动机的机械特性，可得固有特性方程式为

$$n=\frac{U_N}{C_e\Phi_N}-\frac{R_a}{C_eC_T\Phi_N^2}T_M=n_0-\beta T_M \tag{3-22}$$

其中，$n_0=\frac{U_N}{C_e\Phi_N}$，$\beta=\frac{R_a}{C_eC_T\Phi_N^2}$。

若不计电枢反应的去磁作用，可以认为 Φ 是一个与 $T_M(I_a)$ 无关的常数，他励直流电动机固有机械特性的 β 值很小，其固有机械特性曲线是一条略微向下倾斜的直线，如图 3.27 所示。

(3) 他励直流电动机的人为机械特性。在固有机械特性方程式中，当电压、磁通、电枢回路电阻中任意一个参数改变而获得的特性，称为直流电动机的人为机械特性。以下分别加以讨论。

1) 电枢回路串接电阻 R_{ad} 时的人为机械特性。在 $U=U_N$，$\Phi=\Phi_N$，$R=R_a+R_{ad}$，即在保持电压及磁通不变的条件下，电枢回路串接电阻 R_{ad} 时，人为机械特性方程式为

$$n=\frac{U_N}{C_e\Phi_N}-\frac{R_a+R_{ad}}{C_eC_T\Phi_N^2}T_M \tag{3-23}$$

由式 (3-23) 可知，人为特性与固有特性有相同的理想空载转速 n_0，而其特性曲线

的斜率正比于串接电阻 R_{ad}，随着 R_{ad}的增大，人为特性曲线的硬度降低，如图 3.28 中曲线 2、3、4 所示。取不同的 R_{ad}值，便得到一族与固有特性相交于 n_0 的人为特性曲线。由此可见，通过在电枢回路串接适当的电阻，可以改变机械特性曲线的硬度。这将有助于分析直流电动机电枢回路串电阻起动和调速的原理。

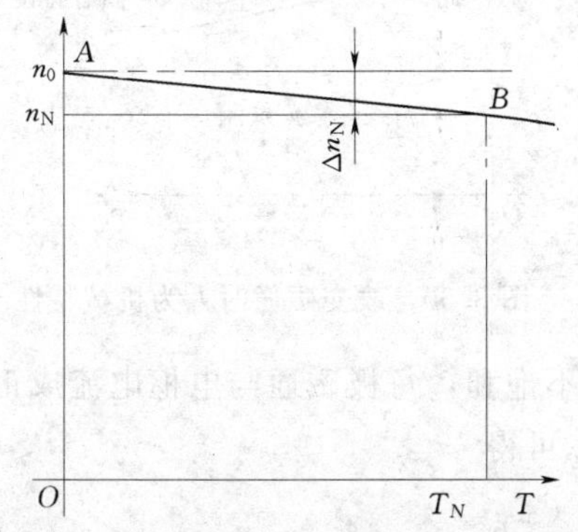

图 3.27　他励直流电动机的固有机械特性

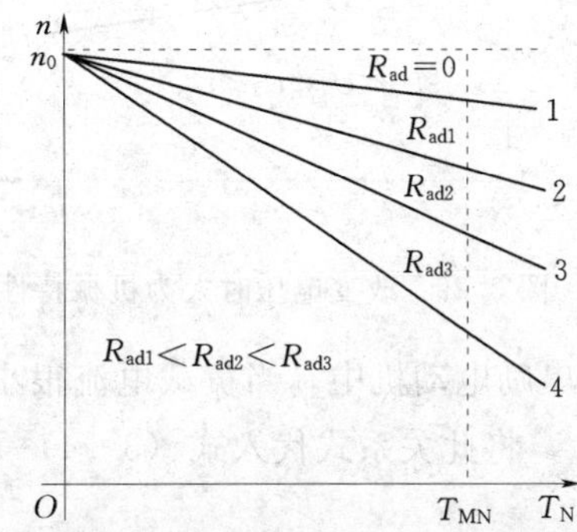

图 3.28　电枢串电阻时人为机械特性

2）改变电枢电压时的人为机械特性。在 $\Phi=\Phi_N$，$R=R_a$ 的条件下，改变电枢电压时的人为机械特性方程式为

$$n=\frac{U}{C_e\Phi_N}-\frac{R_a}{C_eC_M\Phi_N^2}T_M=n_0-\beta T_M \tag{3-24}$$

可见，改变电压时，特性曲线的斜率 β 保持不变，而 n_0 则随电压成正比而变化。一般要求外加电压不超过电动机的额定值，所以只能减小电枢电压。因此人为机械特性如图 3.29 所示，是一组硬度不变的、低于固有特性的平行线。

3）改变磁通时的人为机械特性。一般电动机在额定磁通下运行时，电动机磁路已接近饱和。因此改变磁通实际上只能减弱磁通。改变他励直流电动机励磁绕组的串联电阻 R_f 就可以改变励磁电流，从而改变磁通。在 $U=U_N$，$R=R_a$，减弱磁通时的人为机械特性方程式为

$$n=\frac{U_N}{C_e\Phi}-\frac{R_a}{C_eC_T\Phi^2}T_M \tag{3-25}$$

由式（3-25）可以看出，理想空载转速与磁通成反比，减弱磁通时，理想空载转速 n_0 升高，斜率增加，使特性曲线变软，如图 3.30 所示。

（4）串励电动机的机械特性。串励电动机的接线图如图 3.31 所示，和他（并）励电动机不同的是串励绕组和电枢绕组串联，因此它的输入电流、电枢电流和励磁电流是相等的，即

$$I=I_a=I_f$$

由于励磁电流比较大，所以串励电动机励磁绕组匝数比他（并）励电动机励磁绕组的少，导线比较粗。

串励电动机与他（并）励电动机一样，具有直流电动机的共同属性。也就是说，它们的电动势 $E_a=C_e\Phi n$，电磁转矩 $T_M=C_T\Phi I_a$，电压式 $U=E_a+I_aR_a$ 都是一样的。因此，机械特性也是一样的，见式（3-19）。

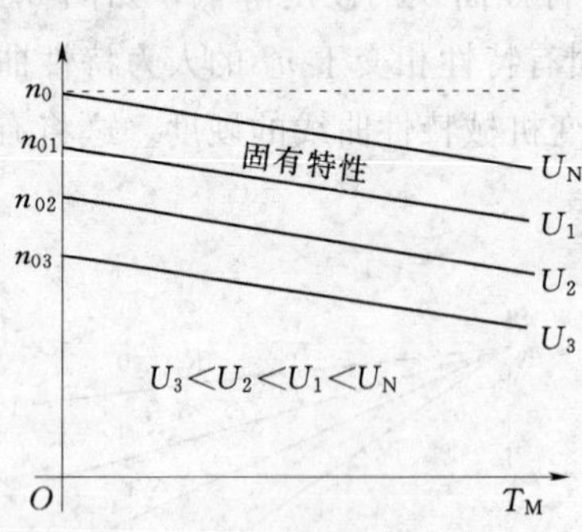

图 3.29 改变电压时人为机械特性

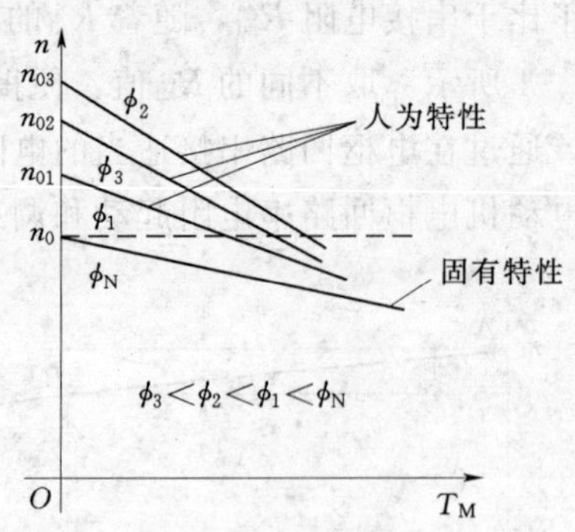

图 3.30 改变磁通时人为机械特性

在串励电动机中，当负载电流很小时，铁芯不饱和，每极磁通与电枢电流成正比，即 $\Phi=KI_a$，将此关系式代入式（3-4）$T_M=C_T\Phi I_a$ 可得

$$T_M=C_T K I_a^2=\frac{C_T}{K}\Phi^2 \tag{3-26}$$

将式（3-26）代入式（3-20）得

$$n=\frac{U}{C_e\Phi}-\frac{R_a}{C_e C_T\Phi^2}T_M=\frac{U}{a\sqrt{T_M}}-b \tag{3-27}$$

其中：$a=C_e\sqrt{\frac{K}{C_T}}$，$b=\frac{R_a}{C_e K}$。

由式（3-27）可见，串励直流电动机的转速与电磁转矩 T_M 成反比，由此做出的机械特性曲线是一条如图 3.32 所示的双曲线。当负载电流较大时（电磁转矩 T_M 随着增大），铁芯已饱和，每极磁通 Φ 变化不大，转速 n 随负载的增加略有下降。相反，当轻载时（I_a、T_M 较小），串励直流电动机的转速将急剧上升，会导致电机的损坏，所以串励直流电动机不允许轻载运行，更不允许空载起动。

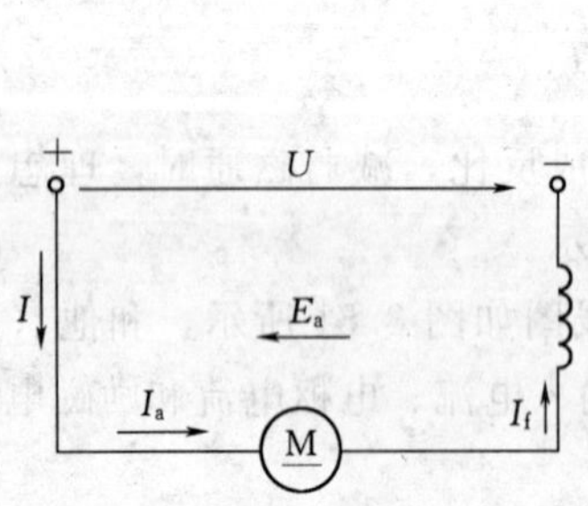

图 3.31 串励电动机原理图

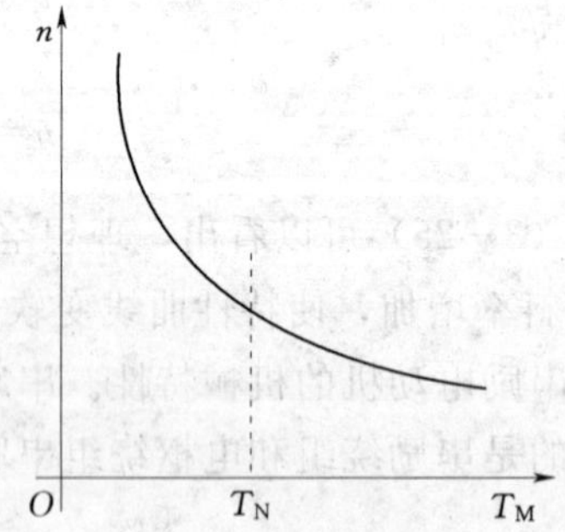

图 3.32 串励电动机的机械特性

复励直流电动机的机械特性硬度介于并励与串励之间。

3.1.4 任务实施 直流电动机的认识

1. 任务目标

(1) 认识并检测直流电动机及相关设备。

(2) 学会直流电动机的接线和操作使用方法。

2. 工具、仪器和设备

(1) 直流电动机励磁电源和可调电枢电源一个。

(2) 直流他励电动机一台。

(3) 励磁调节电阻和电枢调节电阻各一个。

(4) 万用表和转速表各一块。

(5) 导线若干。

3. 实验内容

(1) 拆开电机。

(2) 查看电机结构，说明各部分作用。

(3) 分析某部分有问题，会出现什么现象。

(4) 根据故障现象，排除故障。

(5) 安装电机。

(6) 通电试验。

任务 3.2 直流电机的运行

3.2.1 技能目标

能对直流电机的运行电路进行接线并分析。

3.2.2 知识准备

熟悉直流电动机起动性能、调速性能、制动性能。

3.2.3 知识要点

3.2.3.1 直流电动机的起动和反转

1. 直流电动机的起动

所谓电动机的起动，是指电动机接通电源后，转速由零上升到稳定转速的全过程。对直流电动机起动的要求是：要在保证起动转矩足够大的前提下，尽量减小起动电流。

直流电动机的起动方法有：全压起动、降压起动和电枢回路串电阻起动。

(1) 全压起动。全压起动就是直流电动机在额定电压下直接起动。起动时，电枢电流为

$$I=\frac{U_N-E_a}{R_a}=\frac{U_N-C_e\Phi n}{R_a} \quad (3-28)$$

起动瞬间，转速 $n=0$，因而 $E_a=0$。又由于 R_a 非常小，所以起动电流很大，可达额定电流的 10～20 倍。这样大的起动电流是电动机过载能力所不允许的。它可能造成：电枢绕组绝缘损坏，甚至烧断绕组；换向火花增大，烧坏换向器；对电源造成很大的冲击，波及同一电网上的其他设备。另外，直接起动时的起动转矩为

$$T_{st}=C_T\Phi I_{st}$$

由于起动电流 I_{st} 本身很大，所以起动转矩也很大，较大的起动转矩对电动机的机械传动部分产生很大的冲击力，造成机械性损伤。

因此，只有容量很小的电机，才采用全压起动。这是因为小容量电机的电枢电阻相对

较大，且转动惯量小，起动时转速上升很快的缘故。稍大容量的电动机起动时必须采取措施限制起动电流。

直流电动机一般采取降低电源电压和电枢回路串接电阻的起动方法。

(2) 降压起动。从以上的分析可知，电动机起动瞬间，$n=0$，$E_a=0$，$I_a=U/R_a$。如果降低电源电压，就可以减小起动电流。随着转速的上升，反电动势 E_a 逐渐增大，将电源电压逐步升到额定值，使电动机达到额定转速。当他励直流电动机的电枢回路由专用可调压直流电源供电时，可以限制起动过程中电枢电流在 (1.5～2) I_N 范围内变化，起动前先调好励磁电流，然后将电枢电压由低向高调节，最低电压所对应的人为机械特性上的起动转矩 $T_{st}>T_L$，电动机开始起动。随着转速的上升，提高电压，以获得需要的加速转矩；随着电压的升高，电动机的转速不断提高，最后稳定运行在 A 点。起动过程的特性如图 3.33 所示。在整个起动过程中，利用自动控制方法，使电压连续升高，保持电枢电流为最大允许电流，从而使系统在较大的加速转矩下迅速起动。这是一种比较理想的起动方法。

减压起动的优点是既限制了起动电流，起动过程又平稳、能量损耗小。缺点是必须有单独的可调压直流电源、起动设备复杂、初期投资大，多用于要求经常起动的场合和大中型电动机的起动，实际使用的直流伺服系统多采用这种起动方法。目前，广泛应用的是大功率半导体器件所组成的可控整流电源，它不仅可以用于直流电动机的调速，而且还可用于降压起动。

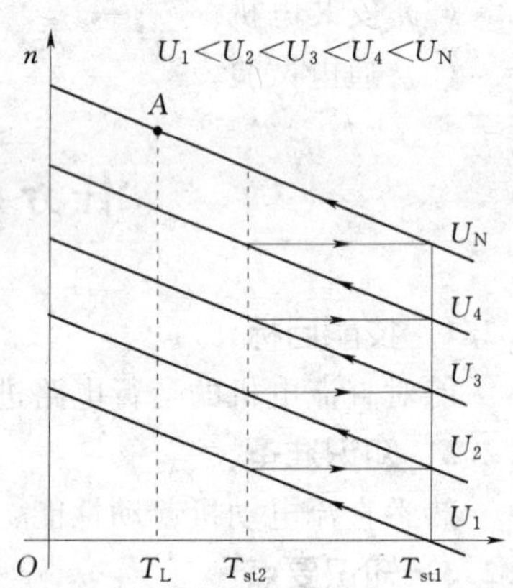

图 3.33 降压起动的机械特性

(3) 电枢回路串电阻起动。这种方法比较简便，同样可将起动电流限制在容许的范围内，但在起动过程中，要将起动电阻 R_{st} 分段切除。

为什么要将起动电阻分段切除呢？这是因为当电动机转动起来后，产生了反电动势 E_a，这时电动机的起动电流应为

$$I_{st}=\frac{U_N-E_a}{R_a+R_{st}}=\frac{U_N-C_e\Phi n}{R_a+R_{st}} \tag{3-29}$$

随着转速的升高，E_a 增大，I_{st} 也就减小，起动转矩 T_{st} 随之减小。这样，电动机的动态转矩以及加速度也就减小，使起动过程拖长，并且不能加速到额定转速。最理想的情况是保持电动机加速度不变，即让电动机做匀加速运动，电动机的转速随时间成正比例地上升。这就要求电动机的起动转矩与起动电流在起动过程中保持不变。要满足这个要求，由式 (3-29) 可以看出，随着电动机转速的增加，应将起动电阻均匀平滑地切除。起动电阻分段数目越多，起动的加速过程越平滑。但是为了减少控制电器数量及设备投资，提高工作的可靠性，段数不宜过多，只要将起动电流的变化保持在一定的范围内即可。

电阻分段起动（以 3 级起动为例）的原理图和机械特性如图 3.34 所示。图中 R_a 为电枢内电阻；r_1、r_2、r_3 为各级起动电阻；R_1、R_2、R_3 为各级电枢总电阻。

起动开始瞬间，电枢电路接入全部起动电阻，电动机工作在图 3.34 (*b*) 中的 *a* 点，由于这时电动机转速和反电动势为零，因此起动电流最大值为

$$I_{st}=\frac{U_N}{R_a+R_{st}}=\frac{U_N}{R_1} \tag{3-30}$$

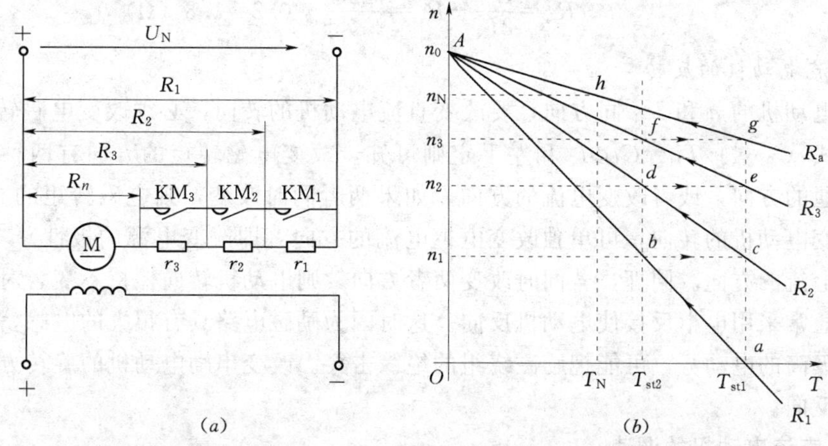

图 3.34　他励直流电动机电枢串电阻起动的机械特性

一般取最大起动电流 $I_{st1}=$（1.8～2.5）I_N。选定 I_{st1} 后，第一级电阻人为特性可用两点绘制（$I=0$，$n=n_0$；$I=I_{st1}$，$n=0$），即得到图 3.34（b）中 A、a 两点和直线 $\overline{Aa}$。

电动机转动起来后，随着转速和反电动势的增加，起动电流和起动转矩将减小，它们沿着特性曲线 $\overline{Aa}$ 的箭头所指的方向变化。当转速高至 n_1，而电流降到图 3.34（b）中 b 点的数值（即切换电流 I_{st2}）时，图 3.34（a）中接触器 KM_1 的常开触点应闭合，第一段起动电阻 r_1 便被短路切除。一般取 $I_{st2}=$（1.1～1.2）I_N，使得在起动过程中，电动机的转矩始终大于额定的负载转矩。

由于切换瞬间电动机转速和反电动势还来不及变化，起动电流将随起动电阻的减小而增加。如被切除的第一段电阻 r_1 选择适当，应使起动电流又升高到 I_{st1}。在此瞬间便由特性曲线 $\overline{Aa}$ 中的 a 点沿水平方向过渡到特性曲线 $\overline{Ac}$ 上的 c 点，c 点的坐标由 $I=I_{st1}$，$n=n_1$ 决定，连接 Ac，便得到与 R_2 对应的人为特性曲线 $\overline{Ac}$。于是转速和电流又沿直线 $\overline{Ac}$ 变化，当变化到 d 点时，切除第二段起动电阻 r_2，依此类推。如 I_{st1} 和 I_{st2} 选择适当，当最后一段电阻被切除后，电动机就恰能过渡到固有特性曲线上，即过 f 点的水平线与 $I=I_{st1}$ 的垂直线相交于固有特性曲线 g 点上。然后，电动机就沿着固有特性加速，直到 $T_{st}=T_N$ 时，电动机起动过程结束，进入稳定工作状态，如电动机拖动额定负载，便稳定在固有特性曲线的 h 点（$n=n_N$）上。

【例 3.5】　一台并励直流电动机，$P_N=10kW$，$U_N=220V$，$I_N=55A$，$R_a=0.2\Omega$，若直接起动，起动电流为多少？若采用电枢回路串电阻起动，将起动电流降为额定值的 2 倍，则应串多大的起动电阻？

解　直接起动时，起动电流为

$$I_{st}=\frac{U_N}{R_a}=\frac{220}{0.2}=1100\ (A)$$

电枢回路串电阻起动时，起动电流为

$$I_{st}=\frac{U_N}{R_a+R_{st}}=2I_N$$

则起动电阻

$$R_{st}=\frac{U_N}{2I_N}-R_a=\frac{220}{2\times55}-0.2=1.8\ (\Omega)$$

2. 直流电动机的反转

直流电动机的 n 和 T_M 同方向，要改变直流电动机的转向，必须改变电磁转矩 T_M 的方向。由式（3-4）$T_M=C_T\Phi I_a$ 和左手定则可知，改变电磁转矩的方向有两种方法：或者改变磁通的方向，或者改变电流的方向。如果两者同时改变，则电磁转矩的方向不变。因此要改变电动机的转向，可单独改变电枢电流的方向（即改变电源的极性），或者单独改变励磁电流的方向。同理，若同时改变两者方向，则电动机转向保持不变。对并励电动机而言，通常采用电枢反接使电动机反向。这时因为励磁电路具有很大的电感，在换接时将会产生极高的电动势，可能把励磁绕组的绝缘击穿。改变串励电动机的旋转方向，一般采用磁场反向。

3.2.3.2 直流电动机的调速

由式（3-18）可知，直流电动机转速特性方程式为

$$n=\frac{U}{C_e\Phi}-\frac{R_a}{C_e\Phi}I_a$$

由上式可见，直流电动机的调速方法有：改变电枢回路电阻调速，改变磁通调速，改变电枢端电压调速。

1. 电枢回路串电阻调速

如前所述，电枢电压 U 不变，串入不同的电阻可得一族与固有特性相交于 n_0 的特性曲线，因为串入电阻后的特性都比固有特性软，所以只能获得由额定转速向下的调速。

在他励直流电动机的电枢回路中串入 R_{ad} 调速的机械特性如图 3.35 所示。设调速前，电动机带额定负载，运行于对应 $T_M=T_L=T_N$ 的固有特性曲线 1 的 a 点上，对应转速为其过程为 n_N，电枢电流为 I_N，由于转速不能跃变，反电动势 $E_a=C_e\Phi n$ 也不会跃变，电枢电流将随着电阻的串入而减小，使电磁转矩 $T_M=C_T\Phi I_a$ 减小，这时运行点由固有特性曲线 a 点过渡到人为特性曲线 2 的 b 点。这时电动机电磁转矩小于负载转矩，转速将沿着特性曲线 2 下降。在转速下降的同时，电动势 E_a 随之减小，电枢电流及电磁转矩又重新增大。当电枢电流及电磁转矩增加到原来与负载转矩相平衡方程式的数值时，电动机便稳定运行在转速较额定值低的人为机械特性曲线 2 的 c 点上。这种调速方法适用于拖动恒转矩负载，但经济效果差。

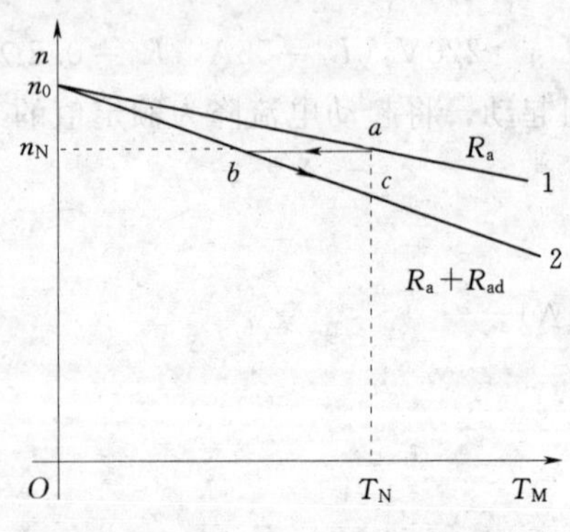

图 3.35 电枢串电阻调速的机械特性

这种调速方法的缺点是：由于所串电阻体积大，只能分较少的挡次，调速的平滑性差；低速时，特性较软，稳定性较差；因为电枢电流不变，电阻损耗随电阻成正比变化，转速越低，须串入的电阻越大，电阻损耗越大，效率越低。但这种调速方法具有设备简单、操作方便的优点，适于作短时调速，在起重和运输牵引装置中得到广泛的应用。

2. 改变电枢电压调速

改变电枢电压的人为机械特性已在前面讨论过，它是一根平行于固有机械特性的直线。这里要说明改

变电压调速的过程。设电动机的磁通保持额定值不变，电枢电路不串外接电阻，负载转矩为额定值不变。调速前，电动机稳定工作在图3.36所示固有机械特性曲线1的a点上。这时如将加在电枢两端的电压降低（对应于人为机械特性的电压），在此瞬间电动机的转速由于惯性作用而来不及变化，电动势E_a也来不及变化，由式（3-25）可知，电枢电流I_a将减小，必将导致电磁转矩T_M变小，电动机将从a点瞬时过渡到人为机械特性曲线2上的b点。这时电动机电磁转矩小于负载转矩，转速将下降。在转速下降的同时，电动势E_a随之减小，电枢电流及电磁转矩又重新增大。当电枢电流及电磁转矩增加到原来与负载转矩相平衡方程式的数值时，电动机便稳定在人为机械特性曲线2的c点上。

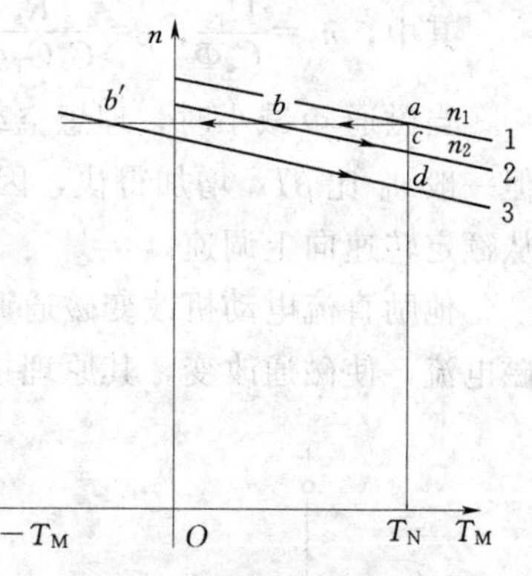

图3.36 改变电枢电压调速的机械特性

如果电枢电压下降幅度较大，使$U<E_a$时，I_a为负值，电动机便过渡到回馈发电制动状态，从固有机械特性曲线1的a点瞬时地过渡到另一人为机械特性曲线3上的b'点。这时系统的动能将变为电能回馈电网。电动机在电磁制动转矩和负载阻转矩作用下，转速下降。随后，电动机的转矩和转速变化将沿着人为机械特性曲线3，从b'点过渡到d点，并以n_d的转速稳定运行于d点。

这种调速方法的主要优点有：电压调节可以很细，实现无级调速，平滑性很好；由于特性没有软化，相对稳定性较好；可以调节至较低的转速，因此调速范围较广；调速过程能量损耗较小。

并励直流电动机是不允许改变电源电压的，因为励磁回路的电流随电源电压而变化。改变电压调速的电力拖动装置中，电动机起动时可用降低电压起动，然后逐渐升高电压，使转速逐渐提高到正常运行转速。起动过程可以保持起动电流和起动转矩在一定的数值不变，因而获得较理想的匀加速起动过程。这样就不需在电枢中串入起动电阻限制起动电流，节省了起动设备和起动过程的能量损耗。拖动系统制动时，可采取回馈制动方法，操作既简便，又能将系统的动能反馈回电网，十分经济。

电动机一般不允许超过额定电压运行，因此这种调速方法只能在额定转速以下进行调节。这种调速方法适合于恒转矩负载，因为转矩一定时，电枢电流能保持额定值而不随转速变化。

改变电压调速，需要供给电动机电枢电路专门的直流调压电源。这种专门的调速装置有发电动机——电动机系统和晶闸管整流调速系统。后者是采用晶闸管整流装置作为可调压的直流电源对电动机供电，构成晶闸管整流器——电动机系统，这是近代电力拖动得到日益广泛的应用。有关晶闸管调速的详细内容将在《电力电子技术》课程中介绍。

3. 改变磁通调速

改变磁通调速也称为弱磁调速。由式（3-25）可知，弱磁调速时的机械特性方程式为

$$n=\frac{U_N}{C_e\Phi}-\frac{R_a}{C_eC_T\Phi^2}T_M=n_0-\beta T_M$$

其中，$n_0=\dfrac{U_N}{C_e\Phi}$，$\beta=\dfrac{R_a}{C_eC_T\Phi^2}$。

当磁通 Φ 减小时，理想空载转速 n_0 将升高，同时特性的斜率 β 将增大，使特性变软。但一般 n_0 比 βT_M 增加得快，因此在一般情况下，磁通的减弱使转速上升，即弱磁调速是从额定转速向上调速。

他励直流电动机改变磁通调速，比较简便的方法是在励磁电路串联调节电阻，改变励磁电流，使磁通改变，其原理接线图如图 3.37 所示。

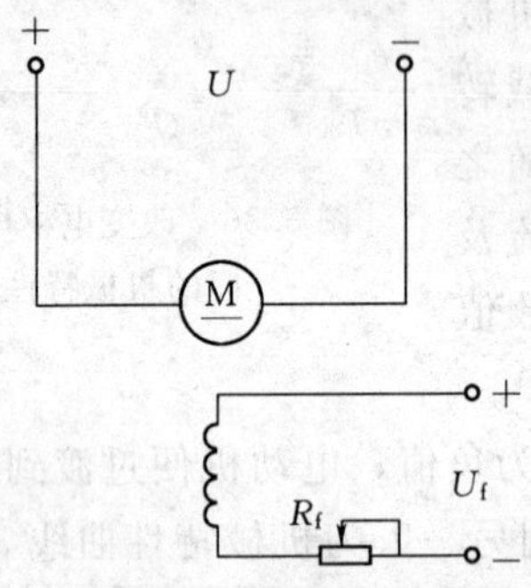

图 3.37 弱磁调速原理图

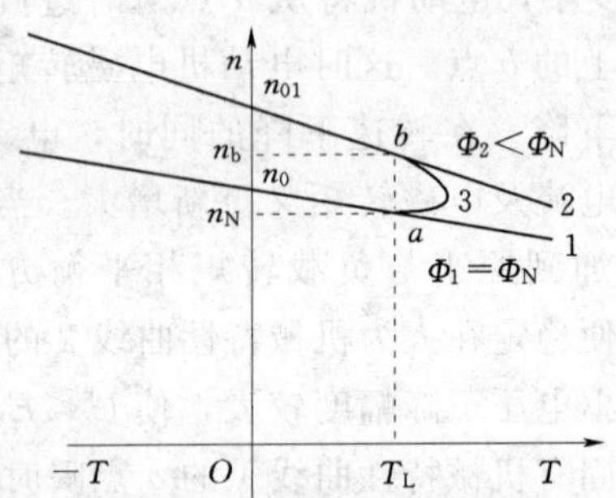

图 3.38 弱磁调速的机械特性

弱磁调速的过程是如图 3.38 所示，弱磁调速前，电动机在额定磁通、额定负载的情况下稳定运行于固有特性 1 的 a 点上。在励磁回路增加电阻的瞬间，使励磁电流及磁通减小。由于惯性的原因，转速 n 来不及改变，$E_a=C_e\Phi n$ 将减小，使电枢电流增加。在一般情况下，电枢电流增加的相对量比磁通减小的相对量要大，使电磁转矩 $T_M=C_T\Phi I_a$ 增加，T_M 大于负载转矩 T_L 使系统加速，转速由 n 上升。n 的不断上升使 E_a 由一开始的下降经某一最小值逐渐回升。同时，电枢电流 I_a 和电磁转矩 T_M 由一开始上升经某一最大值后开始逐渐下降。当电磁转矩和负载转矩相平衡时，系统又达到新的平衡，在人为特性 2 上的 b 点以 n_2 的转速稳定运行。因为在调速过程中，励磁回路的电感很大，磁通和电枢电流不能跃变，所以电磁转矩 T_M 的变化曲线如图 3.38 中曲线 3 所示。另外，在图 3.38 中 a 点和 b 点虽然电磁转矩相同，但 b 点的电流要比 a 点的电流大。

改变磁通调速方法的优点是由于励磁电流只有电机额定电流的 1%～3%，调速级数多，平滑性好。控制设备体积小，投资少，能量损耗小；其主要缺点是只能使转速升高而不能降低。因为正常工作时，$\Phi=\Phi_N$，磁路已趋饱和，所以只能采取弱磁调速的方法。而弱磁使转速升高又受到换向和机械强度的限制，因此在实际应用中受到限制，在实际应用中仅作为一种辅助方法和降压调速配合使用。

【例 3.6】 一台直流他励电动机的额定数据为：$U_N=220\text{V}$，$P_N=46\text{kW}$，$I_N=230\text{A}$，$n_N=580\text{r/min}$，$R_a=0.045\Omega$，当额定负载时求：

(1) 要使电动机以 350r/min 运行，如何实现？

(2) 若减小励磁使磁通减小 15%，求电动机的转速和电枢电流是多少？

解 (1) 因所求的电动机转速小于额定转速，所以可用降低电源电压或电枢回路串两种方法实现。

1) 用降低电源电压的方法，额定电压时电动势平衡方程式为

$$U_N = E_a + I_N R_a = C_e \Phi n_N + I_N R_a$$

则

$$C_e \Phi = \frac{U_N - I_N R_a}{n_N} = \frac{220 - 231 \times 0.045}{580} = 0.3614 \text{ (V/min)}$$

通过降压方式减速时

$$U = E_a + I_N R_a = C_e \Phi n + I_N R_a = 0.3614 \times 350 + 231 \times 0.045 = 136.9 \text{ (V)}$$

2）电枢回路串电阻方法调速时，电动势平衡方程式为

$$U_N = E_a + I_N (R_a + R_{ad}) = C_e \Phi n + I_N (R_a + R_{ad})$$

则

$$R_{ad} = \frac{U_N - C_e \Phi n}{I_N} - R_a = \frac{220 - 0.3614 \times 350}{231} - 0.045 = 0.36 (\Omega)$$

(2) 因为调速前后转矩不变，则

$$T_M = C_T \Phi_N I_N = C_T \Phi I_a$$

$$I_a = \frac{\Phi_N}{\Phi} I_N = \frac{1}{0.85} \times 231 = 272 \text{ (A)}$$

由式（1-18）求得弱磁后的转速为

$$n = \frac{U_N}{C_e \Phi} - \frac{R_a}{C_e \Phi} I_a = \frac{220}{0.85 \times 0.3614} - \frac{0.045}{0.85 \times 0.3614} \times 272 = 676 \text{ (r/min)}$$

可见弱磁调速时，若保持转矩不变，电枢电流将增大。

3.2.3.3 直流电动机的制动

许多生产机械为了提高生产效率和产品质量，要求电动机能迅速、准确地停车或反向运转，为达此目的，要对电动机进行制动。

制动的方法有机械（用抱闸）制动和电气制动两种。电气制动是使电动机产生一个与旋转方向相反的电磁转矩。电磁制动的优点是制动转矩大，制动强度控制比较容易。直流电动机的电气制动方法有以下三种：①能耗制动；②反接制动；③回馈制动。

1. 能耗制动

能耗制动的方法是将正在运转的电动机电枢两端从电源断开（励磁绕组仍接电源），并立刻在电枢两端接入一制动电阻，这样电动机就从电动状态变为发电状态，将其动能转变为电能消耗在电阻上，故称为能耗制动。他励直流电动机能耗制动的原理图和机械特性如图 3.39 所示。

图 3.39（*a*）所示为电动状态运行，开关合在 1 的位置。电动势、电流、转矩和转动方向如图 3.39（*a*）所示。如将开关倒合到 2 的位置，电动机被切断电源而接入一个制动电阻 R_Z。这时在系统惯性作用下，电机继续旋转，励磁仍然保持不变。在电动势作用下，变为发电状态，把旋转系统所贮存的动能变为电能，消耗在制动电阻和电枢内阻中，故称为能耗制动状态。由于此时作用于电动机的电网电压 $U=0$，则电机的电流为

$$I_a = \frac{U - E_a}{R_a + R_Z} = -\frac{E_a}{R_a + R_Z} \tag{3-31}$$

负号表示电流方向与电动运行状态的方向相反，因为电机的励磁电路仍然接在电源上，磁

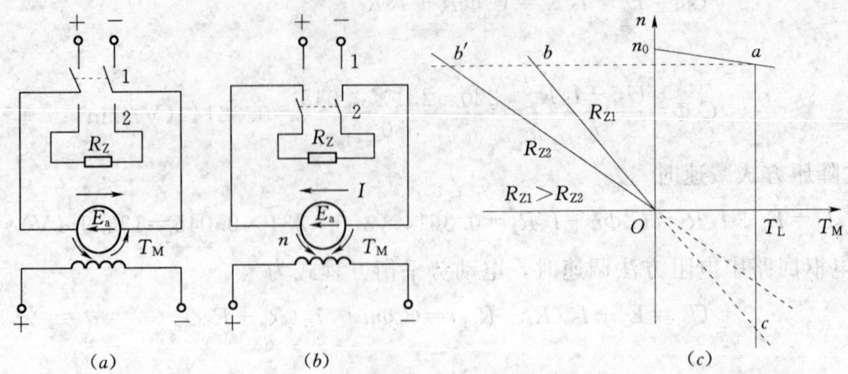

图 3.39 能耗制动的原理图和机械特性

(a) 电动状态原理图；(b) 能耗制动状态原理图；(c) 能耗制动的机械特性

通不变，所以制动时电流所产生的电磁转矩和原来的方向相反，变为制动转矩，使电动机很快减速直至停转。制动状态原理如图 3.39 (b) 所示。

在能耗制动时，因 $U=0$，则 $n_0=0$，电动机的机械特性方程式为

$$n=-\frac{R_a+R_Z}{C_e\Phi}I_a=-\frac{R_a+R_Z}{C_eC_T\Phi^2}T_M \tag{3-32}$$

从式 (3-32) 可知，能耗制动时，机械特性曲线为通过原点的直线，它的斜率 $-\beta=-\frac{R_a+R_Z}{C_eC_T\Phi^2}$，与电枢回路总电阻成正比。因为能耗制动时转速方向未变，电流和转矩方向变为负（以电动状态为正）。所以，它的机械特性曲线在第二象限，如图 3.39 (c) 所示。图 3.39 (c) 中还绘出不同制动电阻时的机械特性。可以看出，在一定的转速下，电枢总电阻越大，制动电流和制动转矩越小。因此，在电枢电路中串接不同的电阻值，可满足不同的制动要求。

能耗制动的优点是：制动减速较平稳可靠；控制线路较简单；当转速减至零时，制动转矩也减小到零，便于实现准确停车。其缺点是：制动转矩随转速下降成正比地减小，影响到制动效果。能耗制动适用于不可逆运行，制动减速要求较平稳的情况下。

2. 反接制动

反接制动有电源反接和倒拉反接两种，这里仅介绍电源反接（或称电压反接）制动。图 3.40 (a) 所示为其原理图。

当接触器 KM_1 触点闭合时，电动机以电动状态运行，旋转方向和电动势方向如图 3.40 (a) 中实线箭头所示，电流 I_a 和电磁转矩 T_M 方向用虚线箭头表示。

若将开关投向 2 的位置，这时加到电枢绕组两端的电源电压极性便和电动运行时相反因为这时磁场和转向不变，电动势方向不变。于是外加电压与电动势方向相同，这样，电枢电流为

$$I_a=\frac{-U-E_a}{R_a+R_Z}=-\frac{U+E_a}{R_a+R_Z} \tag{3-33}$$

电枢电流变为负值，电磁转矩 T_M 方向也随之改变 [见图 3.40 (a) 中的实线箭头]，起到制动作用，使转速迅速下降。由于这时作用在电枢电路的电压 $(U+E_a)\approx 2U$，因

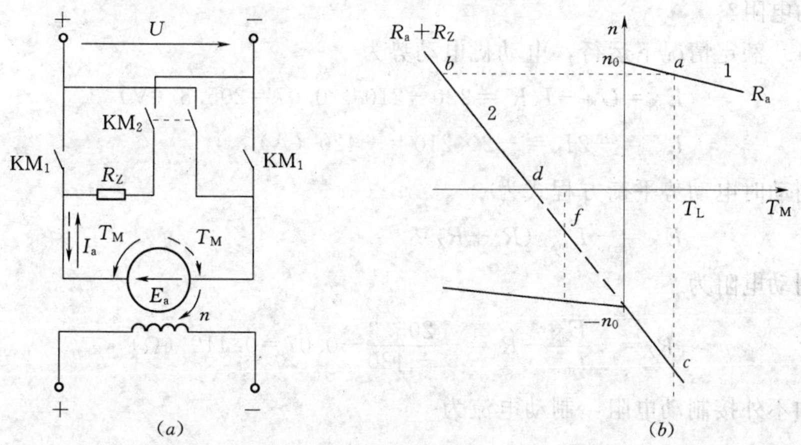

图 3.40 电源反接制动的原理图和机械特性

此必须在电源反接的同时在电枢回路中串制动电阻 R_Z，以限制过大的制动电流。这个电阻 R_Z 一般约等于起动电阻的两倍。

因为制动时接于电动机的电源电压符号改变，所以电源反接的机械特性方程式为

$$n=-\frac{U}{C_e\Phi}-\frac{R_a+R_Z}{C_eC_T\Phi^2}T_M \tag{3-34}$$

其中，T_M 应以负值代入。

电源反接过程的机械特性曲线如图 3.40（b）所示。在制动前，电动机运行在固有特性曲线的 a 点上，当串加电阻 R_Z 并将电源反接的瞬间，电动机工作点变到电源反接的人为特性曲线 2 的 b 点上，电动机的电磁转矩 T_M 变为制动转矩，使电机工作点沿特性曲线 2 开始减速。当转速降至零时，如果是反抗性负载，当 $T_M \leqslant T_L$ 时，电动机便停止旋转；当 $T_M > T_L$ 时，在反向的电磁转矩作用下，电机将反向起动，进入反向电动运行状态，如图 3.40（b）中 df 段所示。如果是位能负载，当这个位能负载转矩大于拖动系统空载的摩擦转矩时，则不管电动机在 $n=0$ 时电磁转矩（它也是使电动机反转的）有多人，电动机都要反向旋转。要避免电动机反转，必须在 $n=0$ 瞬间切断电源，并使机械抱闸动作，保证电动机准确停车。人为特性曲线 2 中 bd 段即为电源反接的机械特性，它在第二象限内。

反接制动的优点是：制动转矩较恒定，制动作用比较强烈，制动快。其缺点是：所产生的冲击电流大，需串入相当大的电阻，故能量损耗大，转速为零时，若不及时切断电源，会自行反向加速。这种方法适用于要求正反转运转的系统中，它可使系统迅速制动，并随之立即反向起动。

【例 3.7】 一台他励直流电动机的额定数据如下：$U_N=220\text{V}$，$P_N=40\text{kW}$，$I_N=210\text{A}$，$n_N=1000\text{r/min}$，$R_a=0.04\Omega$，试求：

(1) 在额定情况下进行能耗制动，欲使制动电流等于 $2I_N$，电枢回路应外接多大的制动电阻？

(2) 如电枢不外接电阻，制动电流有多大？

(3) 如采用电源反接制动，欲使制动瞬间电磁制动转矩 $T_M=2I_N$，电枢回路应外接

多大的制动电阻？

解 (1) 额定情况下运行，电动机电动势为

$$E_{aN}=U_N-I_NR_a=220-210\times0.07=205.3\text{ (V)}$$

要求

$$I_{max}=-2I_N=-2\times210=-420\text{ (A)}$$

能耗制动时电动势平衡方程式为

$$E_{aN}=-I_{max}(R_a+R_Z)$$

应串入的制动电阻为

$$R_Z=-\frac{E_{aN}}{I_{max}}-R_a=-\frac{205.3}{-420}-0.07=0.419\ (\Omega)$$

(2) 如不外接制动电阻，制动电流为

$$I_{min}=-\frac{E_{aN}}{R_a}=-\frac{205.3}{0.07}=-2933\text{ (A)}$$

此电流约为额定电流的14倍。所以能耗制动时，不允许直接将电枢短接，必须接入一定数值的制动电阻。

(3) 电源反接时，$n=n_N$，要求电磁制动转矩 $T_M=2I_N$，即 $I_a=-2I_N$，电源反接时电枢回路电动势平衡方程式为

$$-(U_N+E_{aN})=I_a(R_a+R_Z)$$

则电枢回路应串入的电阻为

$$R_Z=\frac{-(U_N+E_{aN})}{I_a}-R_a=\frac{-(220+205.3)}{-2\times210}-0.07=0.943\ (\Omega)$$

3. 回馈制动

当直流电动机轴上受到和转速方向一致的外加转矩的作用时，将使电动机加速超过理想空载转速，即 $n>n_0$。此时电枢电动势大于电源电压，即 $E_a=C_e\Phi n>U=C_e\Phi n_0$，而电枢电流 $I_a=\frac{U-E_a}{R_a}=\frac{C_e\Phi n_0-C_e\Phi n}{R_a}<0$。于是电枢电流改变了方向，电磁转矩 T_M 成为制动转矩。电动机由电动状态变为发电状态，把外力输入的机械能变成电能回馈给电网，因此电动机的这种运行状态称作为回馈制动。

从电动状态过渡到回馈制动状态不需要改变电动机的接线方式，亦不需改变电动机的参数，而只要在电动机轴上附加一个与转速方向一致的外加转矩即可。

回馈制动适用于位能负载的稳定高速下降，在调速过程开始可能出现过渡性回馈制动状态。例如，当起重机下放重物或电车下坡时，电动机转速都可能超过 n_0，这时电机将处于回馈制动状态。

图3.41所示是起重装置示意图。设提升重物时电动机作正向电动运行，则开始下放时重物时电机作反向电动运行。在图3.41 (a) 中标出了电动机电流和转矩的方向。这时的机械特性和电源反接的机械特性相同，如图3.42所示的特性曲线2，而位能负载特性仍为正值。在电动机电磁转矩和位能负载转矩作用下，电动机沿特性曲线2在第三象限区间 d 点反向起动并且加速。当转速达到某一数值，如特性曲线2上 e 点可将串在电枢的外电阻切除（也可像正常起动那样分段切除），使电动机工作点由 e 点变换到反向固有特性曲线3上 f 点并继续升速。当下放转速超过理想空载转速时，$E_a>U$，电动机工作点进入

第四象限的回馈制动状态，如图 3.41（b）所示。这时，电动机的电枢电流变为与 E_a 方向相同，从电枢正端流出。电磁转矩的方向也随电流而变向，变为制动转矩。于是电动机变为发电状态，把系统的动能转换为电能反馈回电网。当电磁制动转矩 T_M 与位能负载转 T_L 平衡方程式时，电动机稳定运行在 g 点上，以 n_g 速度稳定下放重物。从图 3.42 中可以看到，如果电枢回路中保留外接电阻，电动机将稳定在较高转速的点上。为了防止转速过高，减少电阻损耗，在回馈制动时，不宜接入制动电阻。

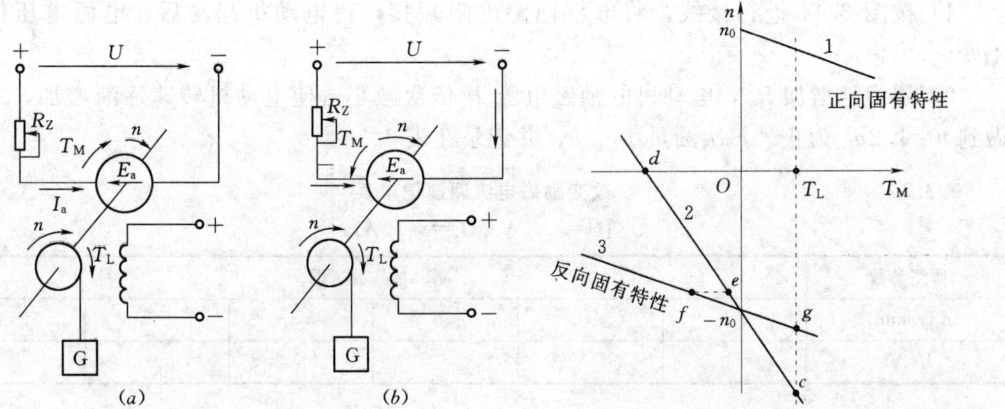

图 3.41　电动机反向回馈制动的原理图
（a）反向电动状态；（b）反向回馈制动状态

图 3.42　反向回馈的机械特性

在上面讨论起重装置的电动机回馈制动时，把提升作为运动的正方向，所以下放的回馈制动就是反向的制动。机械特性在第四象限。如果把下放的方向定为运动的正方向，则回馈制动的机械特性曲线为固有特性曲线 1 的反向延长线，在第二象限。

回馈制动的优点是：不需要改接线路即可从电动状态自行转换到制动状态，将轴上的机械功率变为电功率反馈回电网，简便可靠而经济。缺点是：只有当 $n \geqslant n_0$ 时才能产生回馈制动，故不能用来使电动机停车，所以其应用范围较窄。

3.2.4　任务实施　并励直流电动机的调速

1. 训练目的

（1）掌握 XZK－97 电力拖动实验台的使用。

（2）了解直流并励电动机的内部结构。

（3）掌握直流并励电动机的电枢回路串电阻调速、弱磁调速的方法与性能。

2. 训练器材

直流并励电动机、XZK－97 电力拖动实验台、转速表。

3. 训练内容及步骤

（1）电枢回路串电阻调速。

1）按图 3.43 进行接线，将励磁回路电阻 R_{af} 短接，调节电动机电源电压，使励磁电流 I_f 等于额定励磁电流 I_{fN}。

2）在保持电动机的励磁电流 $I_f = I_{fN}$ 下，将电枢回路电阻 R_{af} 逐次增加，使电动机转速逐次减小，每次测量 n、I_a，并记录在表 3.2 中。

表 3.2 电枢回路串电阻调速记录表

($U=$ V, $I_f=I_{fN}=$ A)

所测参数	测 量 数 据					
n (r/min)						
I_a(A)						

(2) 弱磁调速。

1) 按图 3.44 进行接线，将电枢回路电阻短接，待电动机起动后，电源电压保持不变。

2) 缓慢地增加 R_{af}，电动机的励磁电流 I_f 依次减小，使电动机转速逐渐增加，一直做到 $n=1.2n_N$ 为止。每次测量 I_{f1}、n，并记录在表 3.3 中。

表 3.3 改变励磁电流调速记录表

($U=$ V , $I_a=$ A)

所测参数	测 量 数 据					
n (r/min)						
I_f(A)						

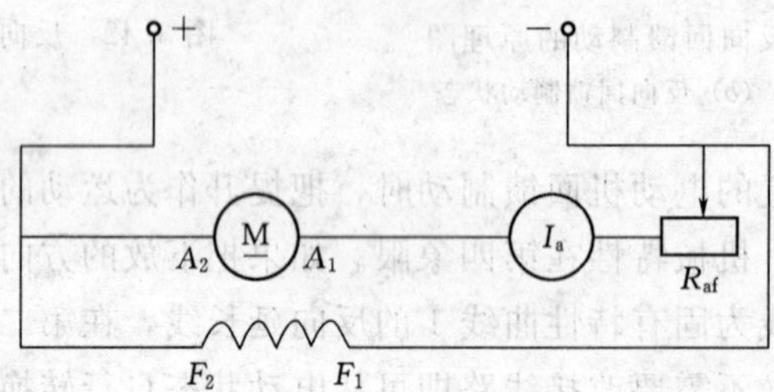

图 3.43 直流并励电动机电枢回路串电阻调速接线图

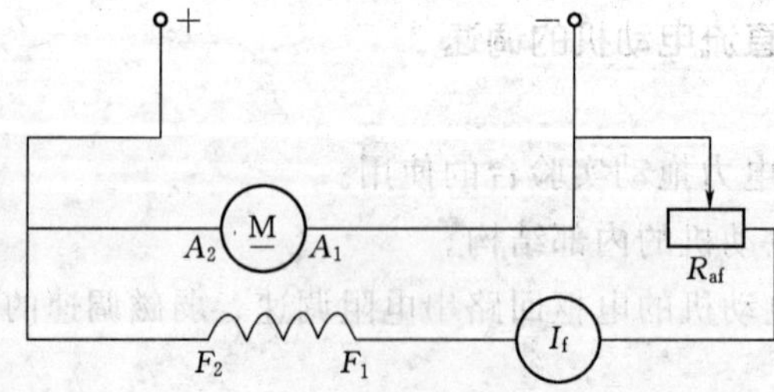

图 3.44 直流并励电动机弱磁调速接线图

项目 4　基 本 电 气 控 制

任务 4.1　常用低压电器的选用

4.1.1　技能目标

（1）能正确选用和使用低压电器。

（2）能根据实际工作要求整定低压配电电器。

4.1.2　知识要点

（1）熟悉熔断器、主令电器、接触器、继电器、低压断路器和电磁执行机构的结构。

（2）掌握熔断器、主令电器、接触器、继电器、低压断路器和电磁执行机构的工作原理。

4.1.3　知识准备

4.1.3.1　主令电器与转换开关

1. 主令电器

主令电器是在自动控制系统中发出指令的电器，用来控制接触、继电器或其他电器的线圈，使电路接通或分断，从而达到控制生产机械的目的。也可用于信号电路和电气联锁电路，发出信号或实现电路的联锁。主令电器应用广泛，种类繁多，按其作用可分为控制按钮、行程开关、接近开关、万能转换开关、主令控制器及其他主令电器等。这里只介绍几种常用的主令电器。

（1）控制按钮。控制按钮通常用来接通或分断控制电路，以控制接触器、继电器、电磁起动器等电器，从而控制电动机或电气设备的运行；或用于信号电路和电气联锁电路。

1）控制按钮的结构及工作原理。控制按钮一般由按钮帽、复位弹簧、触头和外壳等组成，其外形和结构如图 4.1（*a*）、（*b*）所示。当按下按钮时，桥式触头随着推杆一起往下移动，常闭触头分断；桥式触头继续往下移动，直到和下面一对静触头接触，于是常开触头接通。松开按钮后，复位弹簧使推杆和触头复位，常开触头恢复为分断状态，常闭触头恢复为接通状态。根据需要，按钮中触头数量可装配成 1 常开 1 常闭到 6 常开 6 常闭，触头一般采用桥式结构。

控制按钮的文字符号为 SB，其常开触头、常闭触头和复合触头的图形符号如图 4.1（*c*）所示。

2）控制按钮类型及主要技术参数。按保护形式分，控制按钮有开启式、保护式、防水式和防腐式等；按结构形式分，控制按钮有嵌压式、紧急式、带灯紧急式、钥匙式、旋钮式、带信号灯式、带灯揿钮式等。控制按钮的颜色有红、黑、绿、黄、白、蓝等，以示不同用途，一般红色按钮用作停止按钮，绿色按钮用作起动按钮。

常用国产控制按钮有 LAY3、LAY6、LA18、LA19、LA20、LA25、LA38 系列等，另外还有防尘、防溅作用的 LA30 系列，以及性能更全的 LA101 系列。国外进口及引进产品的种类也很多。

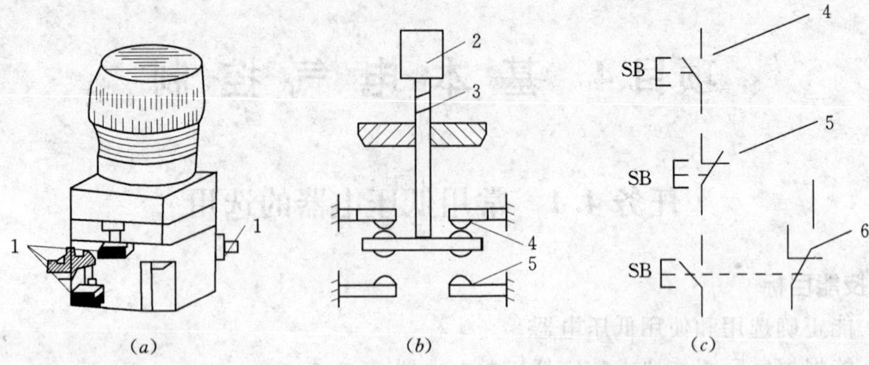

图 4.1 按钮外形、结构及符号

(a) 按钮外形；(b) 按钮的结构原理；(c) 符号
1—触头接线柱；2—按钮帽；3—复位弹簧；
4—常开触头；5—常闭触头；6—复合触头

控制按钮的主要技术参数有额定电压、额定电流、结构型式、触头数量、钮数、按钮颜色等。

(2) 行程开关。在电气控制中有时需要按照物件位置的变化，来改变用电设备的工作情况。例如，在电力拖动系统中的某些运动部件，当它们移动到某一位置时，往往要求电动机能自动停止、反向或改变移动速度等，这可以使用行程开关来达到上述控制要求。

1) 行程开关的基本结构及工作原理。行程开关由操作头、触头系统和外壳三部分组成。操作头是感测部分，用以感受生产机械发出的动作信号，将此信号传递到触头系统；触头系统是行程开关的执行部分，它根据操作头传来的机械信号改变触头的状态，实现相应的电气控制；外壳起支撑、固定和保护作用。行程开关的外形如图 4.2 所示。

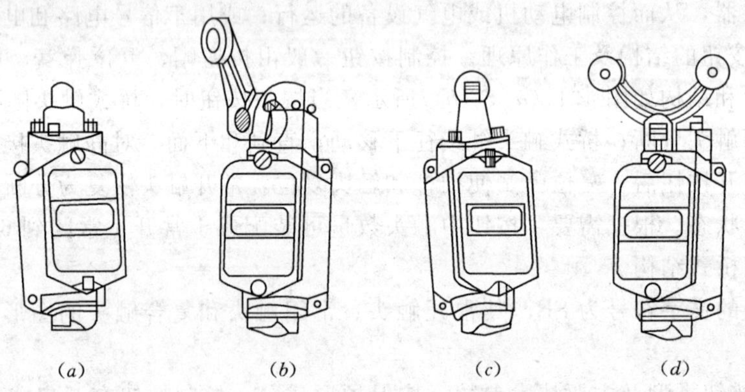

图 4.2 行程开关的外形

(a)、(c) 直动式；(b)、(d) 摆动式

行程开关的工作原理为：当生产机械的运动部件到达某一位置时，运动部件上的挡块碰压行程开关的操作头，使行程开关的触头改变状态，对控制电路发出接通、断开或变换某些控制电路的指令，以达到设定的控制要求。行程开关的触头一般都具有速动机械，使触头瞬时动作，可以保证动作的可靠性、行程控制的位置精度，还可减少电弧对触头的

灼伤。

行程开关的文字符号为 SQ，其常开触头、常闭触头、复合触头的图形符号如图 4.3 所示。

2）行程开关的类型及主要技术参数。行程开关也叫限位开关，它的种类很多。按运动形式可以分为直动式、转动式和微动式行程开关；按工作原理可分为机械式和电子式行程开关；按复位方式可分为自动复位和非自动复位行程开关；按有无触头可以分为有触头和无触头行程开关等。

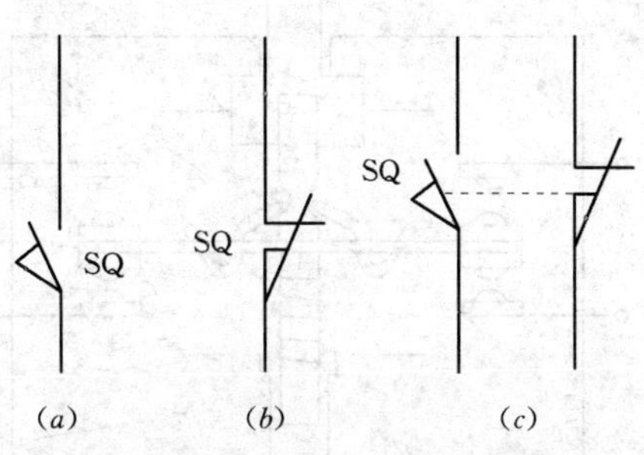

图 4.3 行程开关的文字符号和图形符号
(a) 常开触头；(b) 常闭触头；(c) 复合触头

常用的行程开关有 LX、LXW、JLXK1、JLXW5、JW2、3E（德国西门子）、831（法国柯赞）系列等。

行程开关的主要技术参数有额定电压、额定电流、结构形式、触头对数、动作行程（距离或角度）、超行程（距离或角度）等。

3）行程开关的典型结构。在此介绍直动式、转动式和微动开关三种。

a. 直动式行程开关。快速直动式行程开关的结构原理如图 4.4 所示。当推杆 1 在外力作用下向下移动并与凹形轮 2 相接触时，凹形轮也随着往下移动，移动到一定位置时，小轮 3 在弹簧片 6 的作用下，迅速滑入凹形轮的中间凹形部位。于是支杆 4 绕转轴 5 转动，同时使动触头 10 与静触头 8 分断、与静触头 7 结合，即常闭触头断开，常开触头接通。外力消失后，凹形轮 2 在弹簧 9 的作用下返回原处，触头恢复到原来的状态。这种开关的特点是触头动作迅速，适用于低速运动部件，触头断开时，电弧能迅速熄灭。

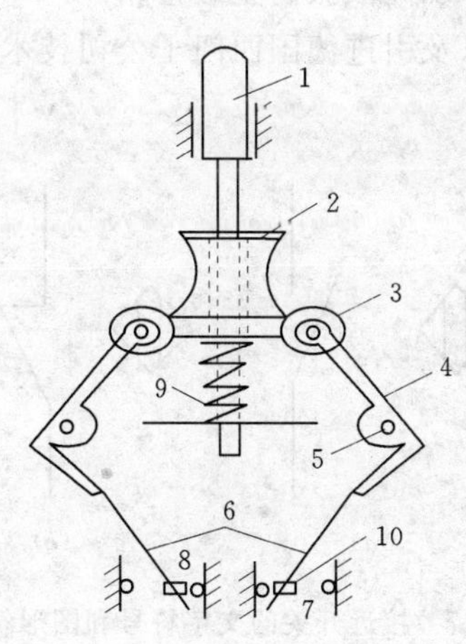

图 4.4 快速直动式行程开关的结构原理图
1—推杆；2—凹形轮；3—小轮；4—支杆；5—转轴；6—弹簧片；7、8—静触头；9—弹簧；10—动触头

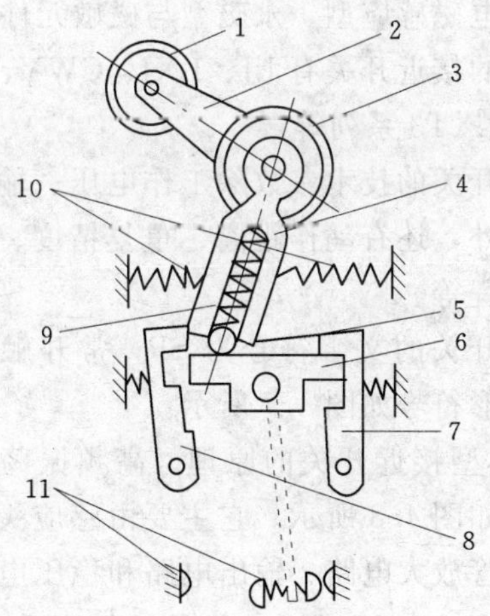

图 4.5 转动式行程开关的结构原理图
1—滚轮；2—连杆；3—盘形弹簧；4—推杆；5—钢球；6—丁字杆；7、8—扣板；9—钢球弹簧；10—复位弹簧；11—动静触头

b. 转动式行程开关。转动式行程开关的结构原理如图 4.5 所示。当装在运动部件上的挡块作用在滚轮 1 上时，连杆 2 转动，通过盘形弹簧 3 转动推杆 4，钢球 5 沿丁字杆 6

向右滑动并压紧钢球弹簧9。当钢球走过丁字杆6的中点时，在钢球弹簧储能的作用下，丁字杆6带动触头转动，产生触头的快速换接。同时左边的扣板8也在弹簧的作用下向右转动，以限制丁字杆6的转角，即限制触头的行程。当滚轮1上的压力消失后，复位弹簧10使开关的触头复位。

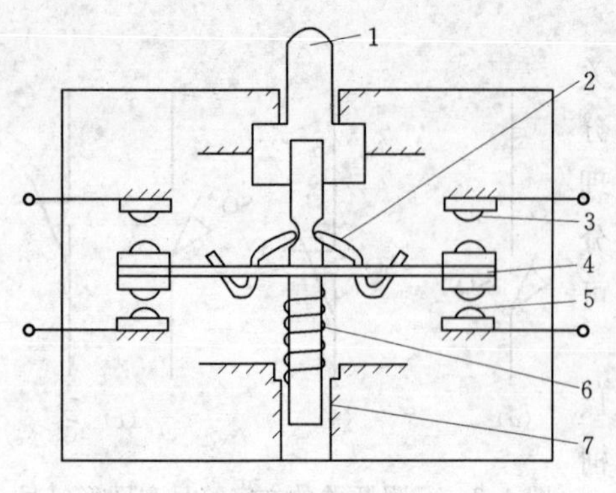

图4.6 微动开关结构的原理图

1—推杆；2—弯形片状弹簧；3—常开触头；4—触桥；5—常闭触头；6—复位弹簧；7—基座

c. 微动开关。微动开关的结构原理如图4.6所示。当挡块作用于推杆1时，通过两个弯形片状弹簧2将作用力传递给动触头的触桥4。在推杆上的凹形刀口通过触桥平面的瞬间触桥跳动，从而使常闭触头5断开、常开触头3接通。开关的快速动作是靠弯形片状弹簧中储存的能量得到的。开关复位由复位弹簧6来完成。

(3) 接近开关。为克服有触头行程开关可靠性较差、使用寿命短和操作频率低的缺点，可采用无触头式行程开关即电子式接近开关。电子式接近开关是当运动的物体与之接近到一定距离时，便发出接近信号，它不需施以机械力。由于这种接近开关具有电压范围宽、重复定位精度高、响应频率高及抗干扰能力强、安装方便、使用寿命长等特点，它的用途已远超出一般行程控制和限位保护，它在检测、计数、液面控制，以及计算机和可编程序控制器的传感器上，获得广泛的应用。

1）接近开关的类型及主要技术参数。按工作原理分，电子式接近开关有高频振荡型、电容型、电磁感应型、永磁型与磁敏元件型等多种，其中以高频振荡型最常用。

常用的接近开关有LJ、LXJ、CWY、SQ系列等，以及引进德国西门子公司技术生产的3SG、LXT3系列等。

接近开关的技术参数除工作电压、输出电流或控制功率外，还有动作距离、重复精度、操作频率和复位行程等。

接近开关的文字符号为SP，常开触头和常闭触头的图形符号如图4.7所示。

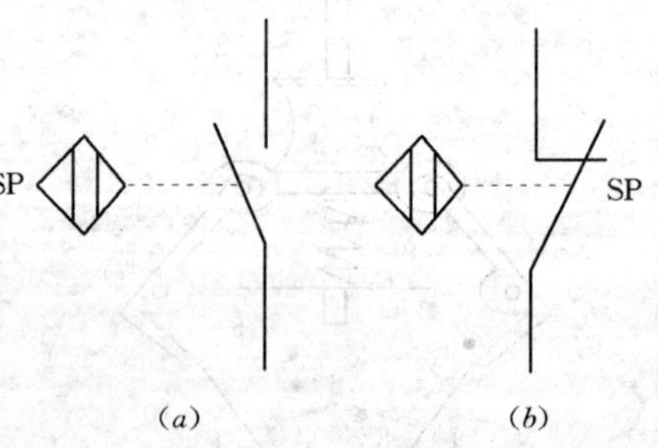

图4.7 接近开关的文字符号和图形符号

(a) 常开触头；(b) 常闭触头

2）典型接近开关的原理。高频振荡型接近开关的电路如图4.8所示。它主要由感应头、振荡电路、晶体管放大电路、输出电路和稳压电路等部分组成。图4.8中L_2、L_3、谐振电容C_2和VT_1组成变压器耦合的LC振荡电路。耦合线圈L_1的高频电压经VD_1整流及C_4滤波后供给放大管VT_2，因而提高了VT_3基极的正电位，从而使VT_3处于饱和，并输出低电位，VT_4处于截止，此时继电器KA不吸合。当移动的金属片接近感应头时，由于感应作用，使处于高频振荡器线圈磁场中的金属片内产生涡流损耗，造成能量损失，振荡减弱，直至停止振荡。于是L_1无高频电压输出，VT_3基极上的正电位消失，VT_3截止，VT_4导通，继电器KA通电吸合，发出接近信号。

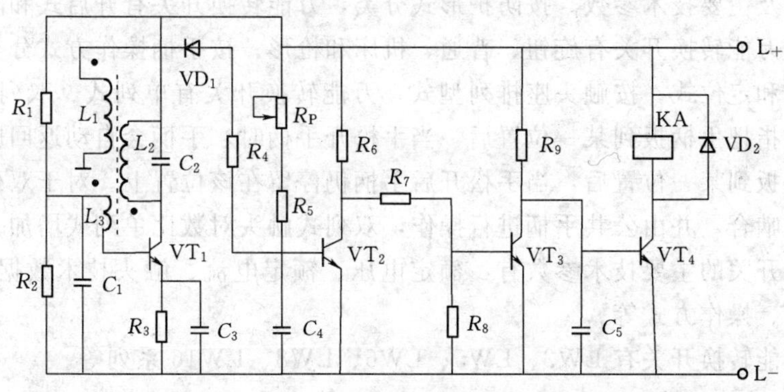

图 4.8　高频振荡型接近开关电路

2. 万能转换开关

万能转换开关是一种手控主令电器，主要作为电气控制线路和电气测量仪表的转换开关，以及配电设备的遥控开关，也可用作小容量三相异步电动机不频繁起动、制动、调速和换向的控制开关。由于它具有多挡位和多触头，能控制多个回路，适应复杂线路的控制要求，故有“万能”转换开关之称。

(1) 结构和工作原理。万能转换开关由接触系统、凸轮机构、转轴、手柄和定位机构等主要部件组成，其外形如图 4.9 (*a*) 所示。接触系统由 1～30 层触头座叠装起来，每层均可装 2～3 对触头，并由触头座中套在转轴上的凸轮来控制这些触头的接通和分断。由于各层凸轮可制成不同形状，因此当手柄转到不同位置时，通过凸轮的作用，可使各对触头按所需的变化规律接通或分断，以适应不同线路的控制需要。万能转换开关的结构示意如图 4.9 (*b*) 所示。

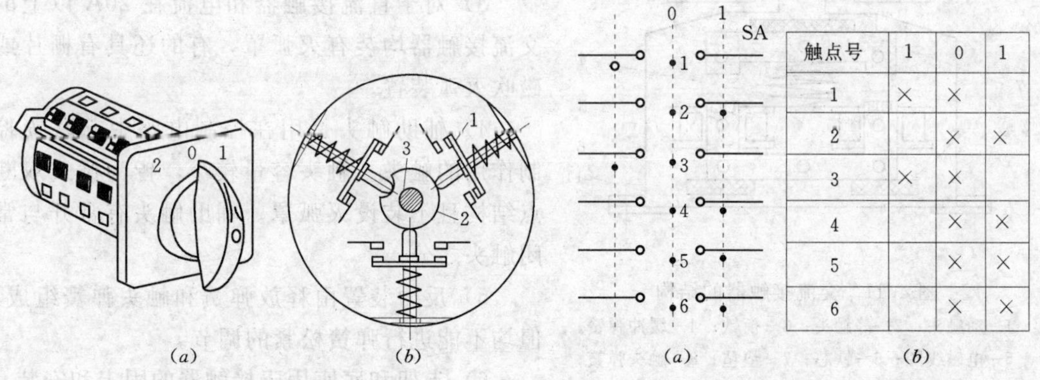

触点号	1	0	1
1	×	×	
2		×	×
3	×	×	
4		×	×
5		×	×
6		×	×

图 4.9　万能转换开关的外形和结构原理示意图

(*a*) 外形；(*b*) 结构示意图

1—触头；2—凸轮；3—转轴

图 4.10　万能转换开关的符号及触头状态

(*a*) 图形符号；(*b*) 触头通断表

万能转换开关的文字符号为 SA，图形符号如图 4.10 (*a*) 所示。图形符号中，每一横线代表一个触头，而用三条竖的虚线代表手柄的三个位置。手柄在某一位置时，触头下方的虚线上有黑点表示该触头接通，无黑点表示该触头分断。触头的状态用通断表来表示，表中“×”表示触头接通，空白表示触头分断，如图 4.10 (*b*) 所示。

(2) 类型及主要技术参数。按防护形式分类，万能转换开关有开启式和防护式；按手柄类型分类，万能转换开关有旋钮、普通、机床和枪形；按手柄操作方式分类，万能转换开关有自复式和定位式；按触头座排列型式，万能转换开关有单列式、双列式和三列式。所谓自复式是指把手柄扳到某一位置后，当手松开手柄时，手柄会自动返回原位。而定位式是指把手柄扳到某一位置后，当手松开后手柄仍停留在该位置上。对于双列式，其列与列之间用齿轮啮合，并由公共手柄进行操作，双列式触头对数比单列式增加一倍。

万能转换开关的主要技术参数有：额定电压、额定电流、触头技术数据、操作频率、触头数及挡数、操作方式等。

常用的万能转换开关有LW2、LW5、LW6、LW8、LW16系列等。

4.1.3.2 电磁式接触器

接触器在正常工作条件下，主要用作频繁地接通或分断电动机等主电路，且可以远距离控制的开关电器。它具有操作频率高、使用寿命长、工作可靠、性能稳定、结构简单、维护方便等优点。因此，在电力拖动控制系统中获得广泛的应用。

按驱动触头系统的动力，接触器可分为电磁式、气动式、液压式等，其中尤以电磁式接触器应用最为普遍。

1. 电磁式接触器的结构及工作原理

(1) 电磁式接触器的结构。电磁式接触器由电磁机构、触头系统、弹簧、灭弧装置及支架底座等部分组成。交流接触器的结构如图4.11所示。

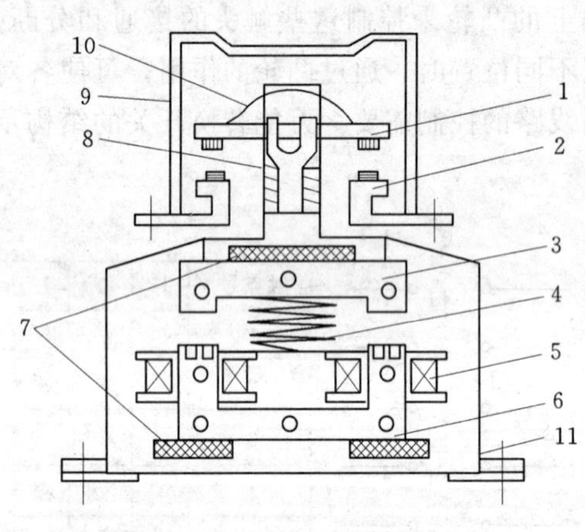

图4.11 交流接触器的结构

1—动触头；2—静触头；3—衔铁；4—缓冲弹簧；5—电磁线圈；6—铁芯；7—垫毡；8—触头弹簧；9—灭弧罩；10—触头压力弹簧；11—底座

1) 电磁机构由铁芯、衔铁和电磁线圈组成。

2) 主触头和灭弧装置主触头按其容量大小有桥式触头和指形触头两种型式。

3) 对于直流接触器和电流在20A以上的交流接触器均装有灭弧罩，有的还具有栅片或磁吹灭弧装置。

4) 辅助触头是用在控制电路中起联锁控制作用的触头。触头容量较小，皆为桥式双断点结构且不装设灭弧罩。辅助触头有常开与常闭触头之分。

5) 反力装置由释放弹簧和触头弹簧组成，但均不能进行弹簧松紧的调节。

6) 支架和底座用于接触器的固定和安装。

(2) 电磁式接触器的工作原理。接触器的电磁线圈通电后，在铁芯中产生磁通，于是在衔铁气隙处产生电磁吸力，使衔铁吸合，经传动机构带动主触头和辅助触头动作。主触头接通主电路；常开辅助触头闭合，常闭辅助触头打开，辅助触头一般用于控制电路中。而当接触器的电磁线圈断电或电压显著降低时，电磁吸力消失或减弱，衔铁在释放弹簧作用下释放，使主触头与辅助触头均恢复到原来状态。

接触器的文字符号为KM，图形符号如图4.12所示。

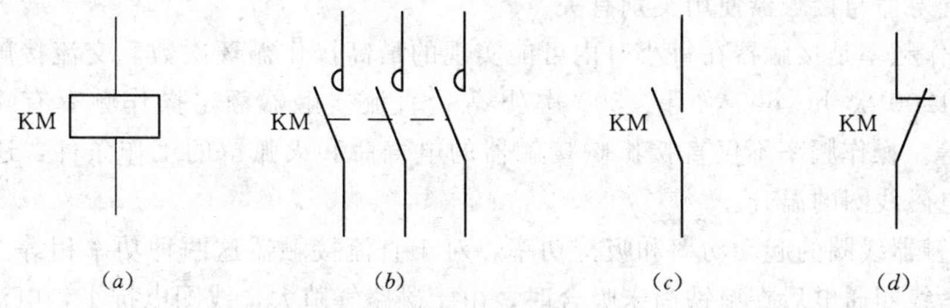

图 4.12　接触器的文字符号和图形符号

(a) 线圈；(b) 主触头；(c) 辅助常开触头；(d) 辅助常闭触头

2. 电磁式接触器的分类及主要技术参数

(1) 电磁式接触器的分类。按接触器主触头接通或分断电流性质的不同，可分为直流接触器与交流接触器；按接触器电磁线圈励磁方式不同，可分为直流励磁方式与交流励磁方式；按接触器主触头极数，直流接触器有单极与双极两种；交流接触器有三极、四极和五极三种。

(2) 电磁式接触器的主要技术参数。电磁式接触器的主要技术参数有接触器额定电压、额定电流，接触器线圈额定电压，主触头接通与分断能力，接触器机械寿命与电寿命，接触器额定操作频率，接触器线圈起动功率与吸持功率等。

1) 接触器额定电压是指主触头之间正常工作电压值。该值标注在接触器铭牌上。

交流接触器常用的额定电压等级为：220V、380V、660V、1140V 等。

直流接触器常用的额定电压等级为：110V、220V、440V、750V 等。

2) 接触器额定电流是指接触器主触头正常工作的电流值。该值也标注在接触器铭牌上。

交流接触器常用的额定电流等级为：10A、20A、40A、60A、100A、150A、250A、400A 及 600A 等。

直流接触器常用的额定电流等级为：40A、80A、100A、150A、250A、400A 及 600A 等。

3) 线圈额定电压是指接触器电磁线圈正常工作的电压值。

交流接触器线圈常用的额定电压等级为：24V、36V、48V、110V、127V、220V、380V 及 660V 等。

直流接触器线圈常用的额定电压等级为：24V、48V、110V、220V 及 440V 等。

4) 主触头接通与分断能力是指主触头在规定条件下，能可靠地接通和分断的电流值。在此电流值下接通电路时，主触头不会发生熔焊；断开电路时，主触头不应产生长时间的燃弧。当电流大于此值时，在电路中的熔断器、自动开关等保护电器应当起作用。

主触头的接通与分断能力与接触器的使用类别有关，接触器的使用类别代号通常在产品手册中给出或在产品铭牌中标注，它用额定电流的倍数来表示，具体含义是：AC—1 和 DC—1 类要求接触器主触头允许接通和分断额定电流；AC—2 和 DC—3、DC—5 类要求主触头允许接通和分断 4 倍的额定电流；AC—3 类要求主触头允许接通 6 倍额定电流和分断额定电流；AC—4 类要求主触头允许接通和分断 6 倍的额定电流。

5) 机械寿命是指接触器在需要修理或更换机械零件前，所能承受的无载操作循环次数。电气寿命是指在规定的正常工作条件下，接触器不需修理或更换零件的负载操作循环次数。电气寿命与接触器使用类别有关。

6）操作频率是接触器在每小时内可能实现的最高操作循环次数。交流接触器额定操作频率有1200次/h、600次/h、300次/h等；直流接触器额定操作频率有1200次/h、600次/h等。操作频率不仅直接影响接触器的电寿命和灭弧罩的工作条件，还影响到交流接触器电磁线圈的温升。

7）接触器线圈的起动功率和吸持功率，对于直流接触器这两种功率相等。但对于交流接触器，线圈通电后在衔铁尚未吸合时，由于磁路气隙大，线圈电抗小，电流大，起动时视在功率和有功功率较大；而当衔铁吸合后，气隙很小，线圈感抗增大，电流减小，吸持时视在功率和有功功率较小；一般起动功率是吸持功率的6倍以上。起动功率和吸持功率可以用有功功率和无功功率表示，线圈消耗功率用有功功率表示。

4.1.3.3 电磁式继电器

继电器是一种当输入量的变化达到规定值时，使输出量发生预定阶跃变化的自动开关电器。继电器的输入量可以是电压、电流等电量，也可以是温度、速度、压力等非电量；输出量是触头的接通和断开。

继电器的种类很多，依据不同分类情况也不一样。按动作原理分，有电磁式、感应式、电动式、电子式和热继电器等；按输入量不同，可分为电压继电器、电流继电器、时间继电器、热或温度继电器、速度继电器和压力继电器等；按用途分，可分为控制继电器、保护继电器和通信继电器。其中电磁式继电器应用最为广泛。

电磁式继电器的文字符号为KA，线圈的电气图形符号同接触器，触头的电气图形符号与接触器的辅助触头相同。

1. 电磁式继电器的基本知识

（1）电磁式继电器的原理与分类。电磁式继电器的工作原理与电磁式接触器相同，是根据输入的电压、电流等电量，利用电磁机构衔铁的动作，带动触头动作，来接通或断开控制电路，从而改变被控制对象的工作状态。

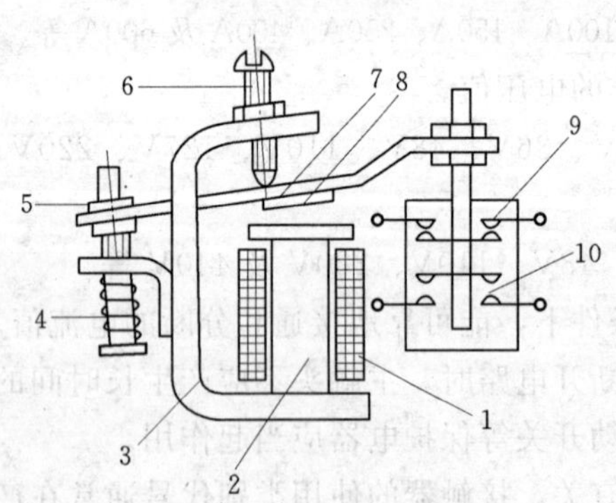

图4.13 直流电磁式继电器的结构原理图

1—线圈；2—铁芯；3—磁轭；4—弹簧；5—调节螺母；6—调节螺钉鞋；7—衔铁；8—非磁性垫片；9—常闭触头；10—常开触头

电磁式继电器种类很多，按用途分有控制继电器、保护继电器和通信继电器。按输入量分有电压继电器、电流继电器、时间继电器和中间继电器等。按线圈电流种类不同，有交流继电器和直流继电器。

（2）电磁式继电器的结构。电磁式继电器的结构和电磁式接触器相似，由电磁机构、触头系统、调节装置和支架底座等构成。

1）电磁机构。直流继电器是指线圈通直流电的继电器，其电磁机构形式为U形拍合式，铁芯和衔铁均由电工软铁制成。为了加大闭合后的气隙，在衔铁的内侧装有非磁性垫片。直流电磁式继电器的结构原理如图4.13所示。

交流继电器是指线圈通交流电的继电器，其电磁机构形式有U形拍合式、E形直动式等结构形式。U形拍合式和E形直动式的铁芯

及衔铁均由硅钢片叠成，且在铁芯柱端面上装有短路环，以削弱振动和噪声。

2）触头系统。由于继电器触头是接在小电流的控制电路中，故不装设灭弧装置。触头一般为桥式结构，有常开和常闭两种形式。

3）调节装置。为了改变继电器的动作参数，继电器一般还具有改变释放弹簧松紧和改变衔铁打开后磁路气隙大小的调节装置。

(3) 电磁式继电器的特性。继电器的特性是用输入—输出特性来表示的，当改变继电器输入量大小时，对于输出量触头的动作只有“通”与“断”两个状态，所以继电器的输出量也只有“有”和“无”两个量。图 4.14 为继电器的输入—输出特性。

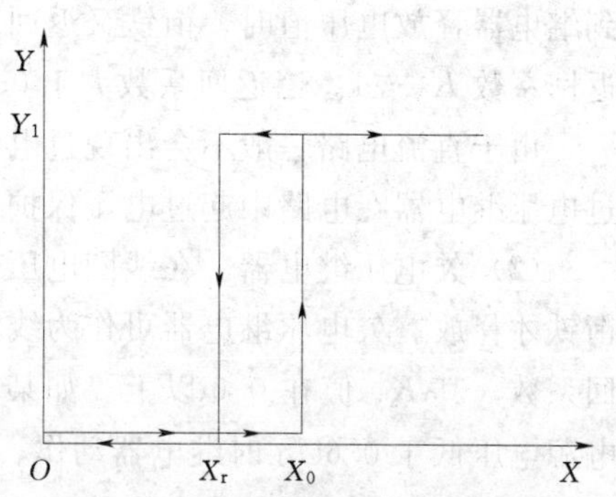

图 4.14 继电器的输入—输出特性

当输入量 X 从零开始增加时，在 $X<X_0$ 的过程中，输出量 Y 为零；当 $X=X_0$ 时，衔铁吸合，通过其触头的输出量由零跃变为 Y_1；再增加 X 时，Y_1 值不变。而当输入量减小时，在 $X>X_r$ 的过程中，Y 仍保持 Y_1 值不变；当 X 减小到 X_r 时，衔铁打开，输出量由 Y 突降为零；X 再减小，Y 值保持为零。图 4.14 中 X_0 称为继电器的吸合值，X_r 称为继电器的释放值，它们均为继电器的动作参数。

2. 电磁式电流继电器

电磁式电流继电器的线圈与电路串接，线圈中流过电路的电流，触头是否动作决定于线圈中电流的大小。按线圈电流种类，有交流电流继电器和直流电流继电器两种；按动作电流大小，又可分为过电流继电器和欠电流继电器两种。

(1) 过电流继电器。过电流继电器在正常工作时，继电器线圈中流过负载电流，即便达到额定负载电流，衔铁也不会吸合。当出现比额定负载电流大一定值的电流时，衔铁才被吸合，从而带动触头动作。在电力拖动控制系统中，常用过电流继电器来做电路的过电流保护。

(2) 欠电流继电器。欠电流继电器在正常工作时，由于流过线圈的负载电流大于继电器的吸合电流值，所以衔铁处于吸合状态。当负载电流降低至继电器的释放电流值时，则衔铁释放，从而使触头动作。在直流电动机上，如果励磁回路断线，可能会产生飞车的严重后果，故用直流欠电流继电器作为直流电动机励磁回路的欠电流保护。因在交流电路中无需欠电流保护，故无交流欠电流继电器这种产品。

(3) 电流继电器的整定。在不同的使用场合，电流继电器需要有不同的动作电流值，这个电流的调整过程称为电流的整定，电流的整定值应根据被控制对象的要求来确定。过电流继电器对释放电流值无要求，故不需要整定，但吸合电流值必须整定；对于直流欠电流继电器，释放电流是一重要参数，必须进行整定。

3. 电磁式电压继电器

电压继电器与电流继电器的区别主要在线圈上，前者是电流线圈，后者是电压线圈。电磁式电压继电器线圈并联在电路上，其触头是否动作与线圈两端的电压大小有关，它在电力拖动控制系统中起电压保护和控制作用。按线圈所加电压的种类，分为交流电压继电器和直流电压继电器；按动作电压大小，又可分为过电压继电器和欠电压继电器。

(1) 过电压继电器。当过电压继电器线圈加额定电压时，衔铁不会吸合，仍处于释放状态，只有当线圈电压高于其额定电压时衔铁才会吸合。在衔铁吸合后，当电路电压降低到继电器释放电压值时，衔铁又返回释放状态。所以过电压继电器释放值小于吸合值，其返回系数 $K_V<1$。当返回系数大于 0.65 时，就称为高返回系数继电器。

由于直流电路一般不会出现过电压现象，所以在产品中没有直流过电压继电器。交流过电压继电器在电路中起过电压保护作用。

(2) 欠电压继电器。在线圈电压低于额定电压时衔铁就会吸合，而当线圈电压很低时衔铁才释放。欠电压继电器可作为线路或电动机等用电器的欠电压保护，一般要求高返回系数，其 K_V 值在 0.6 以上。如某欠电压继电器 $K_V=0.66$，吸合电压为 $0.9U_N$，则当电源电压低于 $0.6U_N$ 时继电器动作，起到欠电压保护的作用。

(3) 电压继电器动作电压的整定。在不同的使用场合，电压继电器需要有不同的动作电压，即有不同的释放电压和吸合电压。过电压继电器对释放电压无要求，故一般释放电压不需要整定，但吸合电压必须调整。而欠电压继电器释放电压必须按电路的要求进行整定。

4. 电磁式中间继电器

电磁式中间继电器实质上是一种电压继电器，其触头数量较多，在控制电路中起增加触头数量和起中间放大作用。由于中间继电器要求线圈电压为零时能够可靠释放，对动作参数无要求，所以中间继电器没有调节弹簧装置。

根据电磁式中间继电器线圈电压种类不同，有直流中间继电器与交流中间继电器两种。有的电磁式直流继电器，当更换不同的线圈时，可做成直流电压、直流电流及直流中间继电器。如果在铁芯上套装阻尼套筒，又可做成电磁式时间继电器。因此，这类继电器从结构上看，它具有通用性，故又称为通用直流继电器。

5. 常用电磁式继电器

JL14 系列交直流电流继电器主要用于交流电压 380V 及以下、直流电压 440V 及以下的控制电路中，作为过电流或欠电流保护用；JZ11、JZ14、JZ15 系列中间继电器适用于交直流控制线路；JT4 系列交流电磁式通用继电器适用于交流 50Hz、380V 及以下的控制电路，作为过电流、过电压和零电压（或中间）继电器用；JT18 系列直流电磁式通用继电器主要用于直流电压至 440V 的主电路，直流电流至 630A，直流电压至 220V 的控制电路，作为电压（或中间）继电器、欠电流继电器及时间继电器用；JL17 系列交流起动用电流继电器适用于线绕式异步电动机转子串电阻起动控制电路。

4.1.3.4 时间继电器

在数控机床电气控制中，有时需要按一定的时间间隔来进行某种控制。例如，某润滑泵需要定时起动、定时运行，以控制润滑油量，这类自动控制称为时间控制，简单的方法可利用时间继电器来实现控制。

时间继电器种类很多，常用的有电磁式、空气阻尼式、电动式和晶体管式等。它按工作方式分为通电延时时间继电器和断电延时时间继电器，一般具有瞬时触点和延时触点这两种触点。时间继电器的符号如图 4.15 所示。

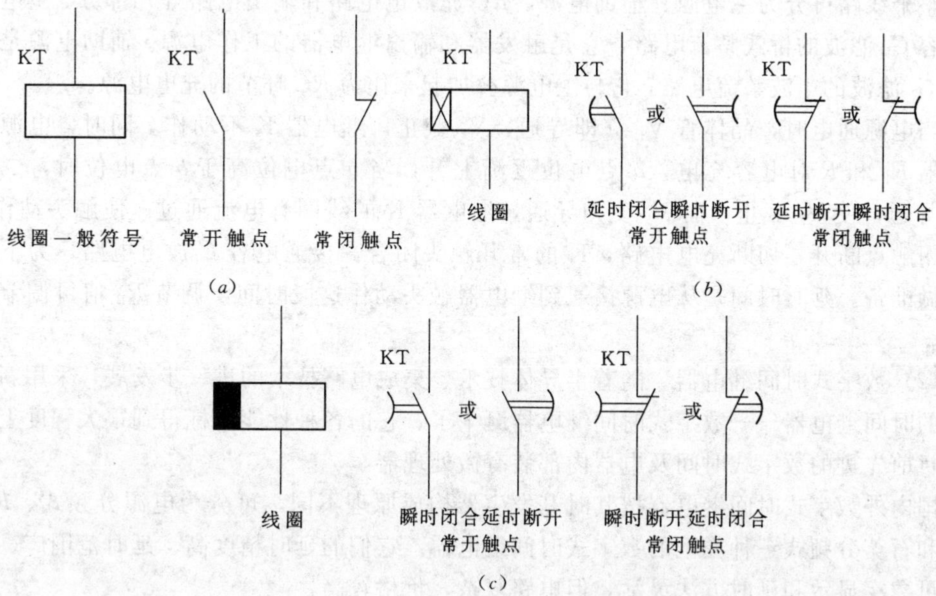

图4.15 时间继电器的符号

(a)瞬时动作；(b)通电延时；(c)断电延时

1. 空气阻尼式时间继电器

空气阻尼式时间继电器是利用空气阻尼原理获得延时的。它由电磁机构、延时机构、触头系统三部分组成，延时机构采用气囊式阻尼器，电磁机构可以是直流的，也可以是交流的。延时方式有通电延时和断电延时两种。

2. 电子式时间继电器

电子式时间继电器在时间继电器中已成为主流产品，电子式时间继电器是采用晶体管或集成电路和电子元件等构成，目前已有采用单片机控制的时间继电器。

(1) 晶体管式时间继电器。晶体管式时间继电器也称为半导体式时间继电器，是采用晶体管或集成电路和电子元件等构成。它主要利用RC电路电容充电原理作为延时环节而构成。其特点是延时范围广，精度高，体积小，便调节，寿命长，是目前发展最快、最有前途的电子器件。它的输出形式有两种，即有触点式和无触点式，前者是用晶体管驱动小型磁式继电器，后者是采用晶体管或晶闸管输出。图4.16为一种有触头式晶体管时间继电器的原理图，以此为例说明工作原理。

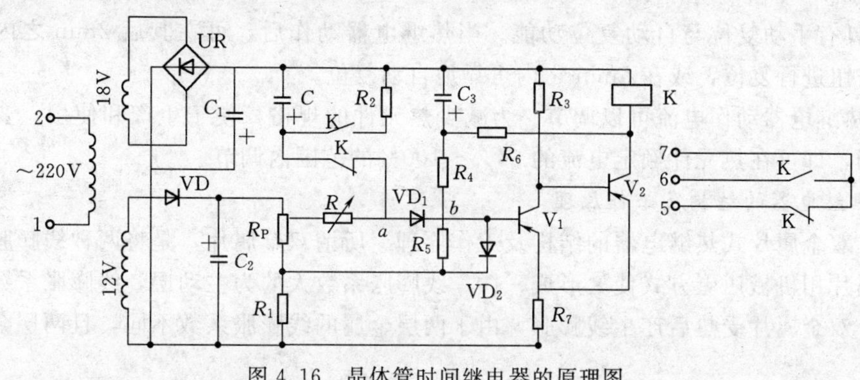

图4.16 晶体管时间继电器的原理图

整个线路可分为主电源、辅助电源、*RC* 充放电电路和输出电路等几部分。主电源是有电容 C_1 滤波的桥式整流电路，它是触发器和输出继电器的工作电源。辅助电源是也带电容 C_2 滤波的半波整流电路，它与主电源叠加起来作为 *RC* 环节的充电电源。

当电源通电时，晶体管 V_1 立即导通，V_2 截止，继电器 K 不动作。同时，电源通过电位器 R_P 和 R 对电容充电，a 点电位逐渐上升，当 a 点电位高于 b 点电位时，二极管 VD_1 导通，使 V_2 截止，而 V_2 变为导通，继电器 K 的线圈有电流通过，使触头动作。K 的常闭触点断开，切断充电电路，K 的常开触头闭合，接通电容 C 放电电路，为下一次工作做准备。延时时间是从电源接通到继电器触头动作这段时间，调节 R_P 值可调节延时时间。

(2) 数字式时间继电器。随着半导体技术、集成电路技术的进一步发展，采用新延时原理的时间继电器——数字式时间继电器诞生了。它的各种性能指标得到很大程度上的提高。目前先进的数字式时间及电器内部装有微处理器。

国内外数字式时间继电器按其时基发生器构成原理不同，可分为电源分频式、*RC* 振荡式和石英分频式三种类型的数字式时间继电器。它们的延时精度高、延时范围广、延时过程可数字显示和延时方法灵活，但电路复杂，价格较高。

4.1.3.5 热继电器

热继电器是电流通过发热元件产生的热量，使检测元件的物理量发生变化，从而使触头改变状态的一种继电器。

1. 热继电器的基本知识

(1) 热继电器的分类。按工作原理不同，热继电器有双金属片式、热敏电阻式和易熔合金式三种。在三种热继电器中，电动机上使用最多的是双金属片式。对双金属片式热继电器，按相数可分为单相式、两相式和三相式三种，其中三相式热继电器又分带断相保护和不带断相保护两种；按复位方式可分为自动复位和手动复位两种；按电流调节可分有电流调节和无电流调节（只有更换热元件来达到改变整定电流目的）热继电器；按温度补偿分有带温度补偿和无温度补偿热继电器。

(2) 对热继电器基本性能的要求。

1）应具有可靠合理的保护特性。热继电器的保护特性应在电动机过载特性的下方且邻近，这样，如果电动机发生过载，热继电器会在电动机尚未达到其允许过载极限之前动作，从而切断电源，使电动机免遭损坏。

2）具有一定的温度补偿。为避免环境温度变化引起双金属片弯曲误差，应具有温度补偿装置。

3）具有手动复位与自动复位功能。当热继电器动作后，可在其后 2min 之内按下手动复位按钮进行复位，或在 5min 之内可靠地自动复位。

4）热继电器动作电流可以调节。为减少热元件的规格，便于生产和使用，要求动作电流可调，即可在热元件额定电流的 66%～100%的范围内调节。

2. 热继电器的结构及工作原理

(1) 双金属片式热继电器的结构及工作原理。所谓双金属片，是将两种线膨胀系数不同的金属片用机械压碾方式使之形成一体。线膨胀系数大的为主动层，线膨胀系数小的为被动层。双金属片受热后产生线膨胀，由于两层金属的线膨胀系数不同，且两层金属又紧

密地压合在一起，因此，使得双金属片向被动层一侧弯曲，由双金属片弯曲产生的机械力经传动机构使触头动作。

双金属片的加热方式有直接加热、间接加热、复式加热和电流互感器加热等多种。直接加热是把双金属片当作发热元件，让电流直接通过；间接加热是用与双金属片无电气联系的加热元件产生的热量来加热；复式加热是直接加热与间接加热相结合。电流互感器加热是间接加热的推广，多用于电动机容量大的场合，发热元件不直接串接在电动机主电路，而是接于电流互感器的二次侧，这样减小了通过发热元件的电流。

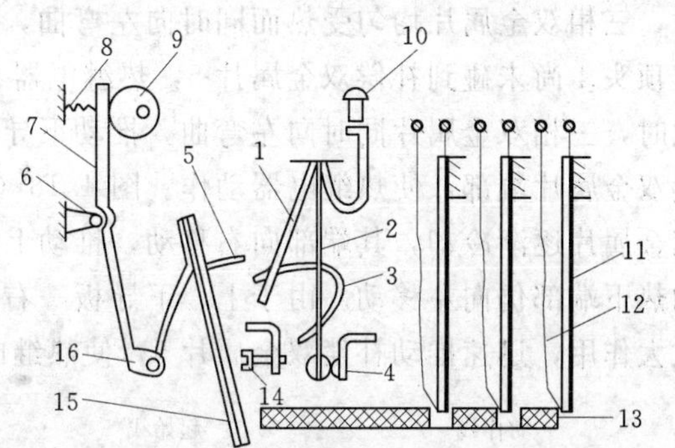

图 4.17 双金属片热继电器的结构原理图

1、2—片簧；3—弓簧；4—触头；5—推杆；6—轴；7—杠杆；8—压簧；9—电流调节凸轮；10—手动复位按钮；11—主双金属片；12—加热元件；13—导板；14—复位调节螺钉；15—补偿双金属片；16—轴

双金属片热继电器结构原理如图 4.17 所示。采用复合加热，主双金属片 11 与加热元件 12 串联后接于电动机定子电路，当流过过载电流时，主双金属片受热向左弯曲，推动导板 13，向左推动补偿双金属片 15，补偿双金属片与推杆 5 固定为一体，它可绕轴 16 顺时针方向转动，推杆推动片簧 1 向右，当向右推动到一定位置时，弓簧 3 的作用力方向改变，使片簧 2 向左运动，常闭触头 4 断开。由片簧 1、2 与弓簧 3 构成一组跳跃机构，实现快速动作。

凸轮 9 是用来调节整定电流的。为了减少发热元件的规格，要求热继电器的整定电流能在发热元件额定电流的 66%～100%范围内调节。旋转凸轮 9，改变杠杆 7 的位置，也就改变了补偿双金属片 15 与导板 13 之间的距离，也就是改变了热继电器动作时主双金属片 11 弯曲的距离，即改变了热继电器的整定电流值。

补偿双金属片 15 可在规定范围内补偿环境温度对热继电器的影响。如果周围环境温度升高，主双金属片 11 向左弯曲程度加大，此时，补偿双金属片 15 也向左弯曲，使导板 13 与补偿双金属片之间距离不变。这样，热继电器的动作电流将不受环境温度变化的影响。有时可采用欠补偿，即同一环境温度下使补偿双金属片向左弯曲的距离小于主双金属片向左弯曲的距离，以便在环境温度较高时，热继电器动作较快，更好地保护电动机。

若要使热继电器手动复位时，将复位调节螺钉 14 向左拧出少许。当按下手动复位按钮 10 时，迫使片簧 1 退回原位，片簧 2 随之往右跳动，使常闭触头 4 闭合。若要使热继电器自动复位，应将复位调节螺钉 14 向右旋转一定长度即可实现。

由于热继电器的发热元件有热惯性，在电路中不能做瞬时过载保护，更不能做短路保护，主要用于电动机的过载保护、断相保护和三相电流不平衡运行的保护以及其他电气设备发热状态的控制。

(2) 带断相保护的热继电器的工作原理。上述结构的热继电器，当三相同时出现过载电流时，对电动机能起到保护作用；但对于三角形连接的电动机，若发生一相断路，那就不一定能起到保护作用。为对三相异步电动机进行断相保护，可将热继电器的导板改成差动机构，如图 4.18 所示。

差动机构由上导板 1、下导板 2 及装有顶头 4 的杠杆 3 组成，它们之间均用转轴连接。图 4.18（*a*）为通电前机构各部件的位置。图 4.18（*b*）为在不大于整定电流下工作时，三相双金属片均匀受热而同时向左弯曲，上、下导板同时向左平行移动一小段距离，但顶头 4 尚未碰到补偿双金属片 5，热继电器不动作。图 4.18（*c*）是三相同时均匀过载，此时，三相双金属片同时向左弯曲，推动下导板，也同时带动上导板左移，顶点 4 碰到补偿双金属片端部，使热继电器动作。图 4.18（*d*）为一相发生断路的情况，此时断路相的双金属片逐渐冷却，其端部向右移动，推动上导板向右移动，而另外两相双金属片在电流加热下端部仍向左移动。由于上、下导板一右一左地移动，产生了差动作用，通过杠杆的放大作用，迅速推动补偿双金属片 5，使热继电器动作。

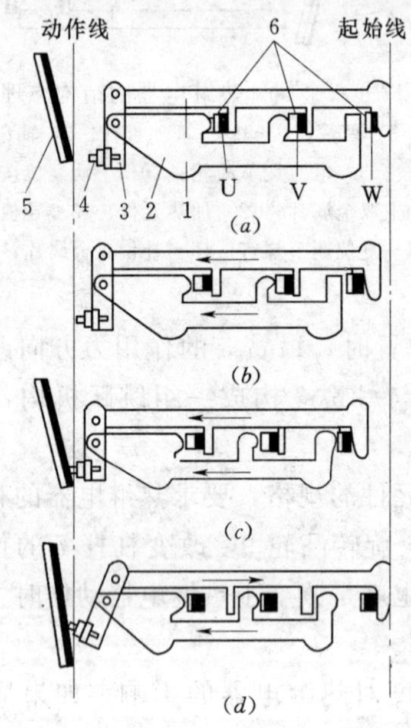

图 4.18　带断相保护热继电器的工作原理图

（*a*）通电前；（*b*）不大于整定电流；（*c*）三相同时均匀过载；（*d*）某相发生断路

1—上导板；2—下导板；3—杠杆；4—顶头；5—补偿双金属片；6—主双金属片

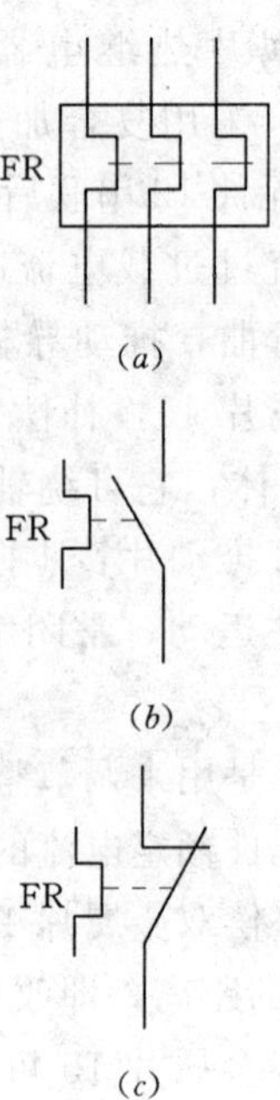

图 4.19　热继电器的文字符号和图形符号

（*a*）热继电器的热元件；（*b*）热继电器的常开触头；（*c*）热继电器的常闭触头

热继电器的文字符号为 FR，热元件和触头的电气图形符号如图 4.19 所示。

4.1.3.6　熔断器

熔断器是一种结构简单、使用方便、应用广泛、价格低廉的保护电器。主要用作电路或用电设备的短路保护，有时对严重过载也可起到保护作用。它串联在电路中，当通过的电流大于规定值时，使熔体熔化而自动分断电路。

1. 熔断器的结构及保护特性

（1）熔断器的结构。熔断器由熔体（俗称保险丝）和安装熔体的熔管（或熔座）两部分组成。其中熔体是关键部分，它既是感测元件又是执行元件，熔体是由低熔点的

金属材料（如铅、锡、锌、铜、银及其合金等）制成，其形状有丝状、带状、片状等；熔管的作用是安装熔体及在熔体熔断时熄灭电弧，多由陶瓷、绝缘钢纸或玻璃纤维材料制成。

FU

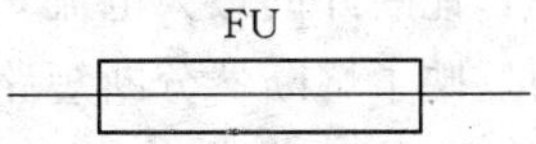

图 4.20 熔断器的图形及文字符号

熔断器的熔体串联在被保护电路中，当电路正常工作时，熔体中通过的电流不会使其熔断；当电路发生短路或严重过载时，熔体中通过的电流很大，使其发热，当温度达到熔点时熔体瞬间熔断，切断电路，起到保护作用。

熔断器的图形及文字符号如图 4.20 所示。

（2）熔断器的保护特性。电流通过熔体时产生的热量与电流的平方及通过电流的时间成正比，即 $Q=I^2Rt$，由此可见，电流越大，熔体熔断的时间越短，这一特性称为熔断器的保护特性（或称安秒特性），其特性曲线如图 4.21 所示，由图 4.21 可见它是一反时限特性。

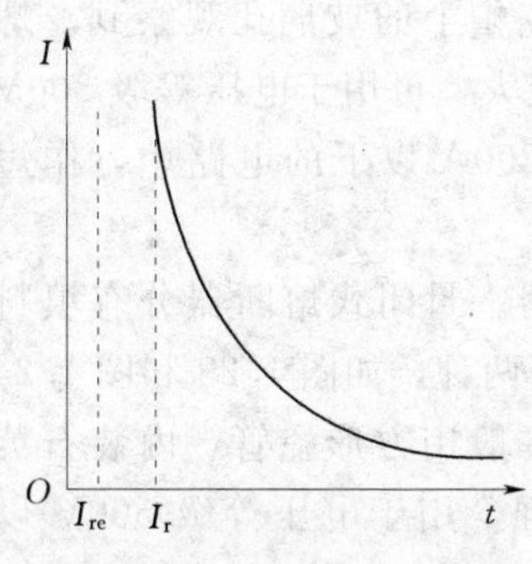

图 4.21 熔断器的安秒特性曲线

在安秒特性中有一熔断与不熔断电流的分界线，与此相应的电流就是最小熔断电流 I_r。当熔体通过电流小于 I_r 时，熔体不应熔断。根据对熔断器的要求，熔体在额定电流 I_{re} 时绝对不应熔断。最小熔断电流 I_r 与熔体额定电流 I_{re} 之比称为熔断器的熔断系数，即 $K_r=I_r/I_{re}$。从过载保护来看，K_r 值较小时对小倍数过载保护有利，但 K_r 也不宜接近于 1，当 $K_r=1$ 时，不仅熔体在 I_{re} 下的工作温度会过高，而且还有可能因为安秒特性本身的误差而发生熔体在 I_{re} 下也熔断的现象，影响熔断器工作的可靠性。熔断电流与熔断时间之间的关系见表 4.1。

表 4.1　　熔断电流与熔断时间之间的关系

熔断电流	1.2～1.3I_N	1.6 I_N	2 I_N	2.5 I_N	3 I_N	4 I_N
熔断时间	∞	1h	40s	8s	4.5s	2.5s

当熔体采用低熔点的金属材料（如铅、锡、铅锡合金及锌等）时，熔断时所需热量少，故熔断系数较小，有利于过载保护；但它们的电阻率较大，熔体截面积较大，熔断时产生的金属蒸气较多，不利于电弧熄灭，故分断能力较低。当熔体采用高熔点的金属材料（如铝、铜和银）时，熔断时所需热量大，故熔断率大，不利于过载保护，而且可能使熔断器过热；但它们的电阻率低，熔体截面积较小，有利于电弧熄灭，故分断能力较强。由此来看，不同熔体材料的熔断器在电路中起保护作用的侧重点是不同的。

2. 熔断器的主要技术参数

（1）额定电压。是指熔断器长期工作和断开后能够承受的电压，其值应大于或等于电气设备的额定电压。

（2）额定电流。是指熔断器长期工作时，被保护设备温升不超过规定值时所能承受的电流。为了减少生产厂家熔断器额定电流的规格，熔断器的额定电流等级比较少，而熔体的额定电流等级比较多，即在一个额定电流等级的熔断器可安装多个额定电流等级的熔体，但熔体的额定电流最大不能超过熔断器的额定电流。

(3) 极限分断能力。是指熔断器在规定的额定电压和功率因数（或时间常数）的条件下，能断开的最大电流，在电路中出现的最大电流一般是指短路电流。所以，极限分断能力反映了熔断器分断短路电流的能力。

3. 常用熔断器

熔断器的种类很多，按用途分为一般工业用熔断器、半导体器件保护用快速熔断器和特殊熔断器（如具有两段保护特性的快慢动作熔断器、自复式熔断器）；按结构可分瓷插式、螺旋式、无填料密封管式和有填料密封管式等。数控机床常用的有螺旋式熔断器和有填料密封管式等。

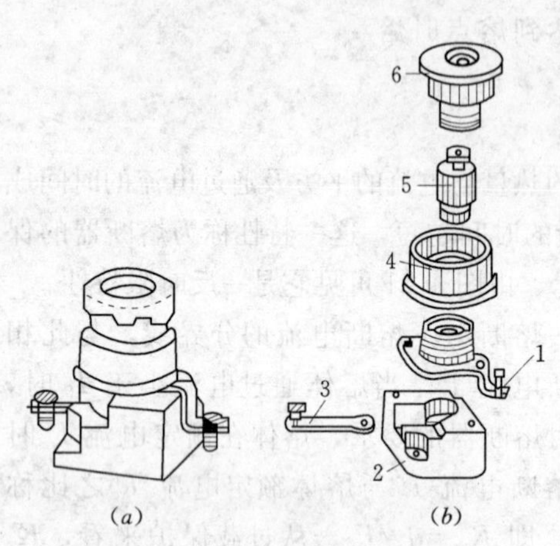

图 4.22　RL1 系列螺旋式熔断器

(a) 外形；(b) 结构

1—上接线柱；2—瓷底；3—下接线柱；4—瓷套；5—熔芯；6—瓷帽

(1) 螺旋式熔断器。如图 4.22 所示。熔体上的上端盖有一熔断指示器，一旦熔体熔断，指示器马上弹出，可透过瓷帽上的玻璃孔观察到。螺旋式熔断器分断电流较大，可用于电压等级 500V 及其以下、电流等级 200A 以下的电路中，作短路保护。

(2) 封闭式熔断器。封闭式熔断器分有填料熔断器和无填料熔断器两种，如图 4.23 和图 4.24 所示。有填料熔断器一般用方形瓷管，内装石英砂及熔体，分断能力强，用于电压等级 500V 以下、电流等级 1kA 以下的电路中。无填料密闭式熔断器将熔体装入密闭式圆筒中，分断能力稍小，用于 500V 以下，600A 以下电力网或配电设备中。

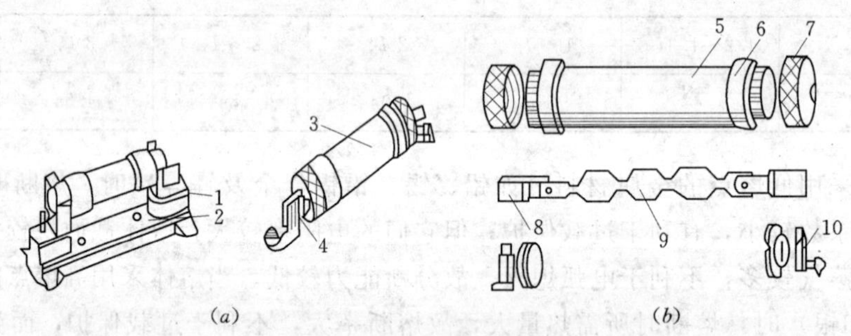

图 4.23　RM10 系列无填料密封管式熔断器

(a) 外形；(b) 结构

1、4、10—夹座；2—底座；3—熔断器；5—硬质绝缘管；6—黄铜套管；7—黄铜帽；8—插刀；9—熔体

(3) 快速熔断器。快速熔断器主要用于半导体整流元件或整流装置的短路保护。由于半导体元件的过载能力很低，只能在极短时间内承受较大的过载电流，因此要求短路保护具有快速熔断的能力。快速熔断器的结构和有填料封闭式熔断器基本相同，但熔体材料和形状不同，它是以银片冲制的有 V 形深槽的变截面熔体。

(4) 自复熔断器。自复熔断器采用金属钠作熔体，在常温下具有高电导率。当电路发生短路故障时，短路电流产生高温使钠迅速气化，气态钠呈现高阻态，从而限制了短路电

流。当短路电流消失后，温度下降，金属钠恢复原来的良好导电性能。自复熔断器只能限制短路电流，不能真正分断电路。其优点是不必更换熔体，能重复使用。

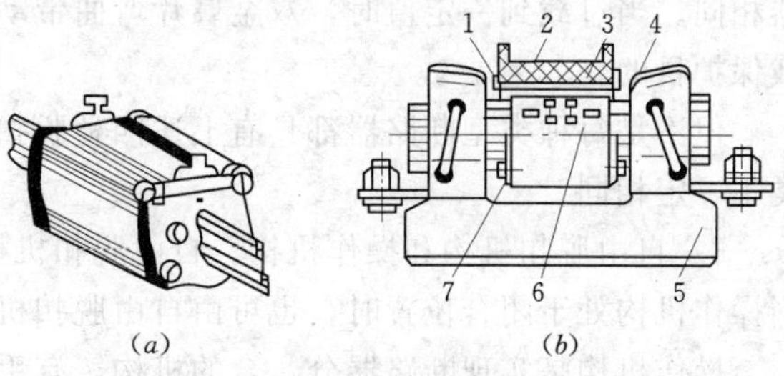

(a) (b)

图 4.24 RT0 有填料密封管式熔断器

(a) 外形；(b) 结构

1—熔断指示器；2—硅砂（石英砂）填料；3—熔丝；4—插刀；5—底座；6—熔体；7—熔管

4.1.3.7 低压断路器

低压断路器常称为自动开关或空气开关等，为符合 IEC 国际标准，现统一使用低压断路器这一名称，可简称断路器。在功能上，它相当于刀开关、熔断器、热继电器、过电流继电器以及欠电压继电器的组合。是一种既有手动开关的作用，又能实现欠压、失压、过载、短路和漏电保护功能的电器。

低压断路器的种类繁多，按结构型式分有万能式和塑壳式；按操作方式分有手动式、电动式、储能式；按极数分有单极、两极、三极和四极断路器；按灭弧技术分有零点灭弧式和限流式；按安装方式分有固定式、插入式和抽屉式；按灭弧介质分有空气式和真空式；按用途分有配电用、电动机保护用、家用及类似场所用、剩余电流（漏电）保护用、特殊用途用断路器等。

1. 低压断路器的结构、原理和保护特性

（1）低压断路器的结构。各种低压断路器在结构上都具有主触头及灭弧装置、各种脱扣器、自由脱扣机构和操作机构三部分组成。

1）主触头及灭弧装置。它是断路器的执行部件，用于接通和断开主电路，为提高其分断能力，在主触头处装有灭弧室，常用狭缝式和去离子灭弧装置。

2）脱扣器。脱扣器是断路器的感受元件，当电路出现故障时，脱扣器感测到故障信号后，经自由脱扣机构使断路器主触头断。按脱扣器接受故障种类不同，有如下几种：

a. 分励脱扣器。用于远距离使断路器断开电路的脱扣器，它由控制电源供电，它是一个电磁铁，可以按照操作人员的命令或继电保护信号使其线圈通电，其衔铁动作，从而使断路器断开电路。一旦断路器断开电路，分励脱扣器电磁铁线圈立即断电，因分励脱扣器是短时工作制的，其线圈不允许长期通电。

b. 欠压、失压脱扣器。是一个具有电压线圈的电磁机构，其线圈并接在主电路中。当主电路电压消失或降至一定数值以下时，其电磁吸力不足以继续吸持衔铁，在弹簧力作用下，衔铁的顶板推动自由脱扣机构，使断路器跳闸，从而达到欠压与失压保护目的。

c. 过电流脱扣器。过电流脱扣器实质上是一个电流线圈的电磁机构，线圈串接在主电路中。当正常电流通过时，产生的电磁吸力不足以克服反作用力，衔铁不被吸合。当电路出现瞬时过电流或短路电流时，衔铁吸合并带动自由脱扣机构使断路器跳闸，实现过电流或短路保护。

d. 过载脱扣器。采用双金属片制成，加热元件串接在主电路中，工作原理与热继电器相同。当过载到一定值时，双金属片弯曲带动自由脱扣机构使断路器跳闸，从而达到过载保护目的。

但不是每种类型断路器都具有上述四种脱扣器，不同类型的断路器所设置的脱扣器种类不一定相同。

3）自由脱扣机构和操作机构。自由脱扣机构是用来联系操作机构与触头系统的机构，当操作机构处于闭合位置时，也可由自由脱扣机构进行脱扣，将触头断开。

操作机构是实现断路器分、合的机构，有手动操作机构、电磁铁操作机构、电动机操作机构、气动或液压操作机构等五种。

2. 低压断路器的工作原理

如图 4.25 所示为一个三极断路器，主触头 2 串接于三相电路中且处于闭合状态。传动杆 3 由锁扣 4 钩住，分闸弹簧 1 已被拉伸。当主电路出现过电流故障且达到过电流脱扣器的动作电流时，则过电流脱扣器 6 的衔铁吸合，顶杆向上将锁扣 4 顶开，在分闸弹簧 1 作用下使主触头断开。如果主电路出现欠压、失压及过载故障时，则欠压、失压脱扣器及过载脱扣器分别将锁扣顶开，使主触头分开。分励脱扣器 9 可由主电路电源或由其他控制电源供电，可由操作人员发出命令或继电保护信号使线圈通电，其衔铁吸合，使断路器跳闸。

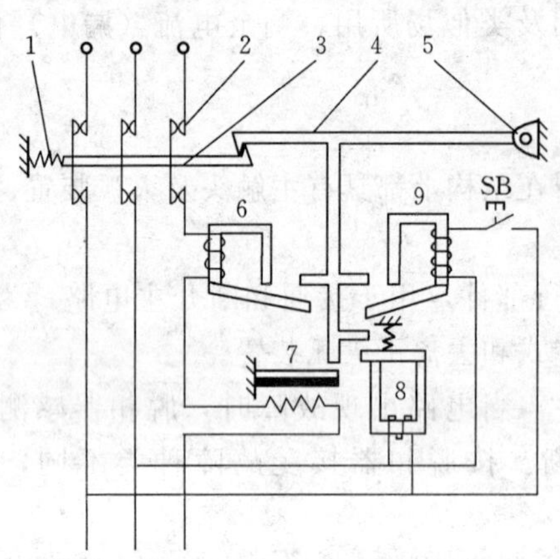

图 4.25 低压断路器的工作原理

1—分闸弹簧；2—主触头；3—传动杆；4—锁扣；
5—轴；6—过电流脱扣器；7—过载脱扣器；
8—失压、欠压脱扣器；9—分励脱扣器

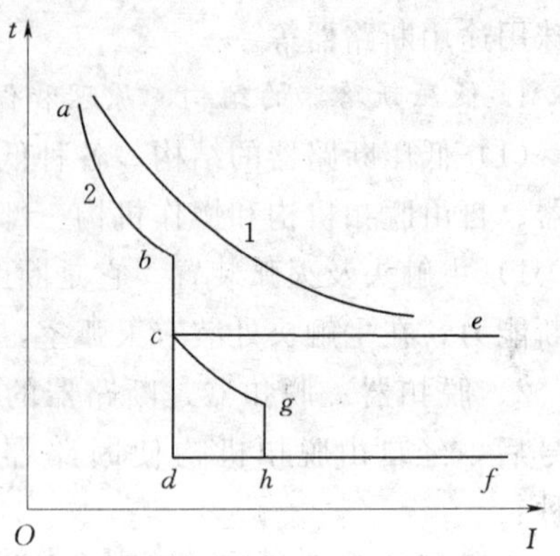

图 4.26 低压断路器的保护特性

1—被保护对象的发热特性；
2—低压断路器的保护特性

3. 低压断路器的保护特性

断路器的保护特性主要是指断路器过载和过电流保护特性，即断路器动作时间与过载和过电流脱扣器的动作电流的关系特性，如图 4.26 所示。图 4.26 中 ab 段为过载保护曲线，具有反时限。df 段为瞬时动作部分，当故障电流超过 d 点对应电流值时，过电流脱扣器便瞬时动作。ce 段为定时限延时动作部分，当故障电流超过 c 点相对应的电流值时，过电流脱扣器经过短延时后动作。根据需要，断路器的保护特性可以是两段式的，如 $abdf$ 既有过载长延时和短路瞬动保护；而 $abce$ 则为过载长延时和短路短延时保护。还可有三段式的保护特性，如 $abcghf$，即有过载长延时、短路短延时和特大短路的瞬动保护。

为了能起到良好的保护作用，断路器的保护特性应与被保护对象的允许发热特性有合理的配合，即断路器的保护特性 2 应位于保护对象的允许发热特性 1 的下方。为此，应根据被保护对象的要求合理选择断路器的保护特性，以期获得可靠的保护。

4.1.4　任务实施　常用低压电器的选用

4.1.4.1　电磁式接触器的选择用

接触器使用广泛，使用场合及控制对象不同，接触器的工作条件和工作繁重程度也不一样。因此，只有正确选择接触器，才能保证接触器的可靠运行并充分发挥技术经济效果。接触器的选择步骤如下：

(1) 种类的选择。根据接触器所控制电路的电流性质，确定选用直流还是交流接触器。

(2) 极数的选择。根据主电路的控制要求，确定接触器的极数。一般极数应与主电路的控制要求一致。

(3) 型号的选择。根据安装条件和使用场合如粉尘、易燃易爆等，确定接触器的型号。

(4) 额定电压的选择。根据接触器所控制电路的额定电压，选用接触器的额定电压。一般接触器的额定电压应不小于所控制电路的额定电压。

(5) 使用类别的选择。根据接触器所控制负载的性质和工作任务，确定接触器的使用类别。如一般任务选用 AC—3 或 DC—3 类，重任务选用 AC—4 或 DC—5 类。

(6) 主触头额定电流的选择。根据接触器所控制电路的电流或负载的功率，选用接触器主触头的额定电流等级。若接触器的使用类别与所控制负载的性质和工作任务相一致时，主触头的额定电流与所控制负载的电流大小相同或稍大一点；若不一致，如 AC—3 类接触器控制 AC—3 和 AC—4 混合类负载时，则应接触器应降低电流等级使用。

(7) 辅助触头的选择。根据控制电路的要求，选择接触器辅助触头的数量和额定电流。辅助触头数量应不小于控制电路要求的数量，辅助触头的额定电流应不小于控制电路的工作电流。

(8) 线圈电压的选择。根据控制电路电源的性质和电压等级，确定接触器线圈的电压种类和额定值。线圈的额定电压应与控制电路的电压等级一致。

(9) 操作频率的选择。接触器的额定操作频率应大于实际工作时的操作频率。注意，接触器在不同负载类别时的额定操作频率是不同的。

在选择接触器时，还应注意选用机械寿命和电气寿命长的产品。

4.1.4.2　电磁式继电器的选用

(1) 使用类别的选用。继电器的典型用途是控制交、直流电磁铁，如用于控制交、直流接触器的线圈等。按规定，继电器使用类别为 AC—11 控制交流电磁铁，DC—11 控制直流电磁铁。由于使用类别决定了继电器所控制的负载性质及通断条件，因此这是选用继电器的主要依据。

(2) 触头额定电压、额定电流的选用。继电器在相应使用类别下触头的额定工作电压 U_N 和额定工作电流 I_N 表征了该继电器触头所能切换电路的能力。选用时，继电器的最高工作电压可为该继电器的额定绝缘电压，继电器的最大工作电流一般应小于该继电器的额定发热电流。

（3）线圈电流种类和额定电压的选用。线圈电流种类和额定电压值应注意与系统要求一致。

（4）工作制的选用。继电器一般适用于8h工作制（间断长期工作制）、反复短时工作制和短时工作制，工作制不同对继电器的过载能力要求也不同。当交流电压或中间继电器用于反复短时工作制时，由于吸合时有较大的起动电流，因此它的负担反比长期工作制时为重，选用时应充分考虑这一点，使用中实际操作频率应低于额定操作频率。

（5）返回系数的调节。对于电压和电流继电器，应根据控制要求，进行继电器返回系数的调节。在实际工作中，通常采用增加衔铁吸合后的气隙、减小衔铁打开后的气隙以及适当放松释放弹簧等措施来达到增大返回系数的目的。

4.1.4.3　时间继电器的选用

（1）延时方式的选择。时间继电器有通电延时型和断电延时型两种，应根据控制线路的要求来选择哪一种延时方式的时间继电器。

（2）类型的选择。对延时精度要求不高的场合，一般选价格较低的电磁阻尼式或空气阻尼式时间继电器；对延时精度要求较高的场合，可选用电动式或电子式时间继电器。

（3）线圈电压的选择。根据控制电路的电压来选择时间继电器吸引线圈的电压，即线圈电压种类和电压等级应与控制电路相同。

（4）参数变化的选择。在电源电压波动大的场合，采用空气阻尼式或电动式时间继电器比采用晶体管式为好；在电源频率波动大的场合，不宜采用电动式时间继电器；在温度变化大的场合，则不宜采用空气阻尼式和晶体管式时间继电器。

（5）操作频率的选择。操作频率过高不仅会影响电气寿命，还可能导致延时误动作，所以使用时的操作频率应小于时间继电器的额定操作频率。

任务4.2　电动机的基本电气控制电路

4.2.1　技能目标

（1）会三相异步电动机正反转控制电路的安装与接线。

（2）会Y—△减压起动控制电路的接线。

（3）会自耦变压器减压起动控制电路的接线。

4.2.2　知识要点

（1）熟悉单向旋转控制电路及其应用，掌握单向旋转控制电路的分析方法。

（2）熟悉正反转的控制电路及其应用，掌握正反转控制电路的分析方法。

（3）熟悉减压起动的控制要求，掌握减压起动控制电路的分析方法。

（4）熟悉减压起动的控制要求，掌握减压起动控制电路的分析方法。

（5）熟悉电气制动的控制要求，掌握电气制动控制电路的分析方法。

（6）熟悉变极调速的控制要求，掌握变极调速控制电路的分析方法。

4.2.3　知识准备

4.2.3.1　三相笼形异步电动机的全压起动控制线路

三相笼形电动机具有结构简单、价格便宜、坚固耐用、维修方便等优点，获得广泛应用。笼形异步电动机的起动控制有直接起动与减压起动两种。

三相笼形电动机定子绕组按规定接成三角形或星形，再接到额定电压、额定频率的三相交流电源上，电动机由静止状态逐渐加速到稳定运行状态称直接起动。直接起动是一种简单、经济的起动方法，但由于直接起动时的起动电流为额定电流的 4～7 倍，过大的起动电流会造成电网电压明显下降，直接影响在同一电网工作的其他负载，所以允许直接起动的电动机容量受到一定限制。可根据电源变压器容量、电动机容量、电动机起动频繁程度和电动机拖动的机械设备等来分析是否可以直接直起动，也可用下面经验公式来确定

$$\frac{I_{st}}{I_N} \leqslant \frac{3}{4} + \frac{S}{4P}$$

式中：I_{st}为电动机直接起动时起动电流，A；I_N 为电动机额定电流，A；S 为电源变压器容量，kVA；P 为电动机额定功率，kW。

满足上述条件可直接起动，否则应采取减压起动。一般容量小于 10kW 的电动机可以采用直接起动。

1. 三相笼形异步电动机单向旋转控制线路

（1）电动机单向点动控制线路。点动是指按下按钮时电动机转动，松开按钮时电动机停止，这种控制是最基本的电气控制，在很多机械设备的电气控制线路上，特别是在机床电气控制线路上得到广泛应用。

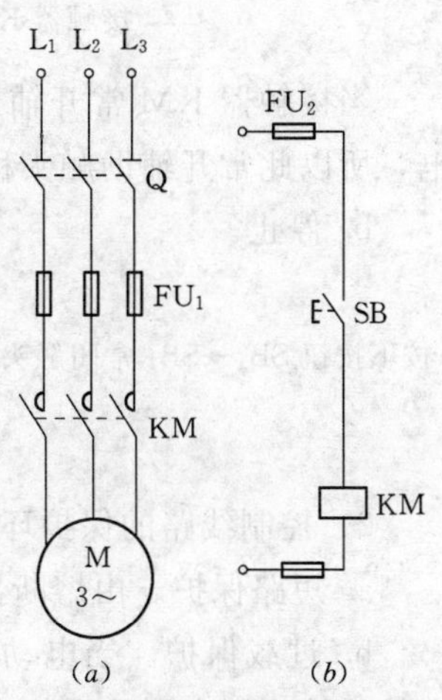

图 4.27　单向点动控制电路

（*a*）主电路；（*b*）控制电路

如图 4.27 为单向点动控制电路，它由主电路图 4.27（*a*）和控制电路图 4.27（*b*）两部分组成，主电路和控制电路共用三相交流电源。图 4.27（*a*）中 L_1、L_2、L_3 为三相交流电源线路，Q 为电源开关，FU_1 为主电路的熔断器，FU_2 为控制电路的熔断器，KM 为接触器，SB 为按钮，M 为三相笼形异步电动机。

点动控制的操作及动作过程如下：

1）首先合上电源开关 Q，接通主电路和控制电路的电源。

2）按下按钮 SB→SB 常开触头接通→接触器 KM 线圈通电→接触器 KM（常开）主触头接通→电动机 M 通电起动并进入工作状态。

3）松开按钮 SB→SB 常开触头断开→接触器 KM 线圈断电→接触器 KM 主触头（常开）断开→电动机 M 断电并停止工作。

由上述可见，当按下按钮 SB（应按到底且不要放开）时，电动机转动；松开按钮 SB 时，电动机 M 停止。

熔断器 FU_1 为主电路的短路保护，熔断器 FU_2 为控制电路的短路保护。由于本电路不存在过载，所以不设过载保护。

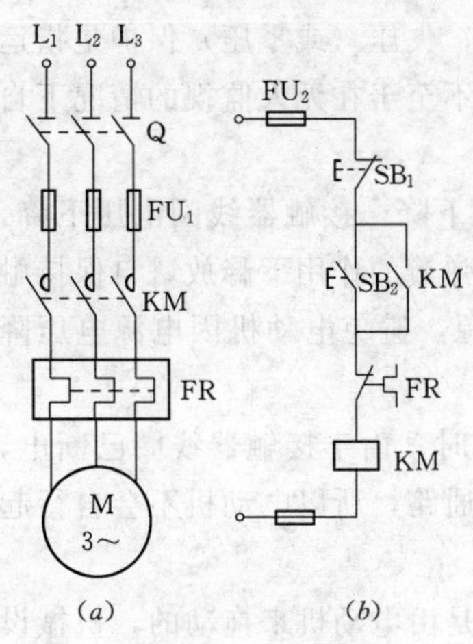

图 4.28　单向连续运转控制电路

（*a*）主电路；（*b*）控制电路

（2）电动机单向连续运转控制线路。在各种机械设备上，电动机最常见的一种工作状态是单向连续运转。图

4.28 为电动机单向连续运转控制线路，它由主电路图 4.28（*a*）和控制电路图 4.28（*b*）两部分组成。图 4.28（*a*）中 L_1、L_2、L_3 为三相交流电源，Q 为电源开关，FU_1、FU_2 分别为主电路与控制电路的熔断器，KM 为接触器，SB_1 为停止按钮，SB_2 为起动按钮，FR 为热继电器，M 为三相异步电动机。

1）如下是单向连续运转控制的操作及动作过程。首先合上电源开关 Q，接通主电路和控制电路的电源。

a. 起动。

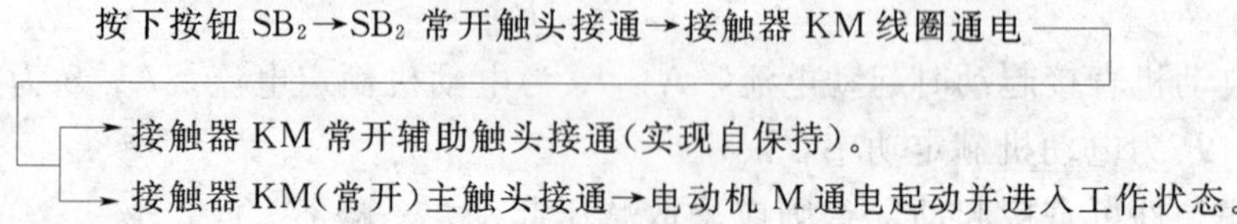

当接触器 KM 常开辅助触头接通后，即使松开按钮 SB_2 仍能保持接触器 KM 线圈通电，所以此常开辅助触头称为自保持触头。

b. 停止。

按下按钮 SB_1→SB_1 常闭触头断开→接触器 KM 线圈断电→
- KM 常开辅助触头断开(解除自保持)。
- KM(常开)主触头断开→电动机 M 断电并停止工作。

2）控制线路的保护环节：

a. 短路保护。由熔断器 FU_1、FU_2 分别实现主电路与控制电路的短路保护。

b. 过载保护。当电动机出现长期过载时，串接在电动机定子电路中热继电器 FR 的发热元件使双金属片受热弯曲，经联动机构使串接在控制电路中的常闭触头断开，切断接触器 KM 线圈电路，KM 触头复位，其中主触头断开电动机的电源、常开辅助触头断开自保持电路，使电动机长期过载时自动断开电源，从而实现过载保护。

c. 欠压和失压保护。自保持电路具有欠压与失压保护的作用。欠压保护是指当电动机电源电压降低到一定值时，能自动切断电动机电源的保护；失压（或零压）保护是指运行中的电动机电源断电而停转，而一旦恢复供电时，电动机不至于在无人监视的情况下自行起动的保护。

在电动机运行中当电源下降时，控制电路电源电压相应下降，接触器线圈电压下降，将引起接触器磁路磁通下降，电磁吸力减小，衔铁在反作用弹簧的作用下释放，自保持触头断开（解除自保持），同时主触头也断开，切断电动机电源，避免电动机因电源电压降低引起电动机电流增大而烧毁电动机。

在电动机运行中，电源停电则电动机停转。当恢复供电时，由于接触器线圈已断电，其主触头与自保触头均已断开，主电路和控制电路都不构成通路，所以电动机不会自行起动。只有按下起动按钮 SB_2，电动机才会再起动。

（3）电动机连续运转与点动控制线路。机械设备的运动是由电动机来拖动的，机械设备通常需要单向连续运转，有的同时还需要单向点动，这就要求电动机既能单向连续运转又能单向点动。图 4.29 为电动机单向连续运转与点动控制电路。其中，图 4.29（*a*）为

主电路，图 4.29（*b*）、（*c*）为两种不同的控制电路，SA 为手动开关，其他符号同单向连续运转控制线路。

在图 4.29（*b*）中，用手动开关 SA 进行选择，当 SA 断开时为点动控制，当 SA 闭合时为连续控制。SB_2 既是连续运转的起运按钮，又是点动按钮，SB_1 是连续运转时的停止按钮。

在图 4.29（*c*）中，是用不同的按钮来实现连续运转与点动控制，SB_2 为连续运转按钮，SB_1 为连续运转时的停止按钮。SB_3 为点动按钮，点动控制是利用按钮 SB_3 的常闭触头断开自保持电路来实现的。

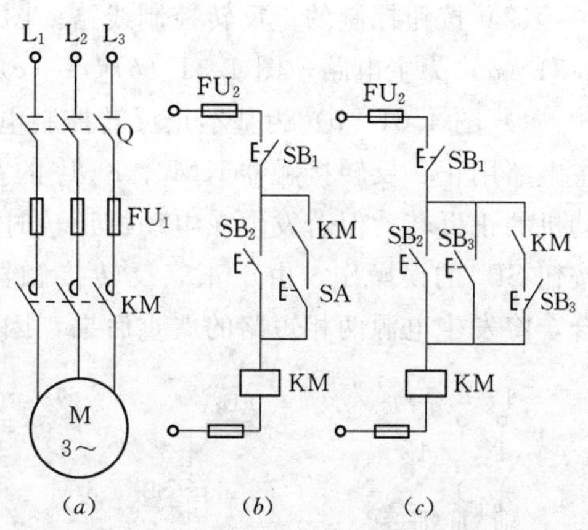

图 4.29　单向连续运转与点动控制电路

（*a*）主电路；（*b*）、（*c*）控制电路

点动控制电路与连续运转控制电路的根本区别在于有无自保持。

2. 三相笼形异步电动正反转控制线路

机械设备的运动部件往往要求正反两个方向的运动，这就要求拖动电动机能作正反向旋转。由电机原理可知，改变电动机三相电源相序即可改变电动机旋转方向，由此出发，电动机正反转控制线路常用的有以下几种。

（1）转换开关控制的正反转控制线路。图 4.30 所示为转换开关控制的正反转控制线路。图中转换开关 SA 有正转、反转和停止三个位置，如图 4.30（*a*）中的虚线所示；SA 在不同位置时，其触头的通断情况见图 4.30（*a*）中的黑点所示。

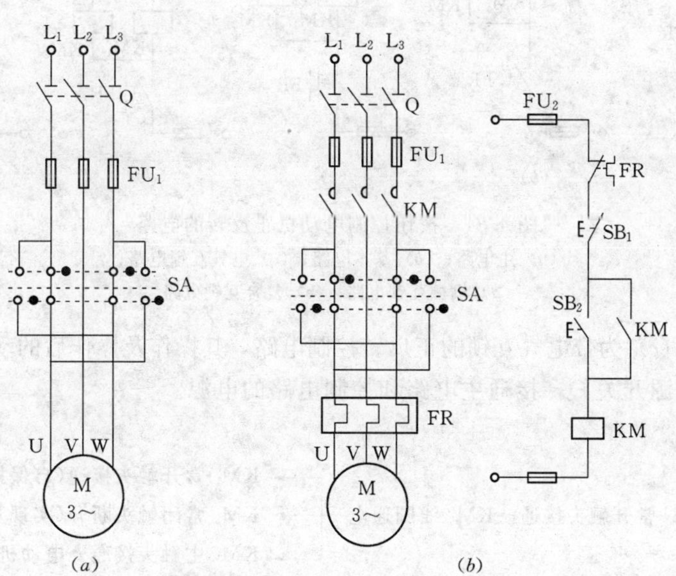

图 4.30　倒顺转换开关控制的正反转控制电路

（*a*）直接控制；（*b*）倒顺开关预选

在图 4.30（*a*）中，用转换开关 SA 来直接控制电动机的正反转。由于转换开关无灭弧装置，它仅适用于电动机容量为 5.5kW 以下的电动机。对于容量大于 5.5kW 的电动机，应使用图 4.30（*b*）所示有控制线路。

在图 4.30（b）中，转换开关用来预选电动机旋转方向，由按钮来控制接触器主触头接通与断开电源，实现电动机的起动与停止。可见此控制电路与单向连续运转的控制电路相同，只是主电路接入了转换开关。

由于采用了接触器控制，并且接入了热继电器 FR，所以电路除具有短路保护外，还具有过载保护和欠压（零电压）保护的功能。

（2）按钮控制的正反转控制线路。图 4.31 为按钮控制的电动机正反转控制电路。图 4.31（a）为主电路，图 4.31（b）～（e）为四种不同的控制电路。

1）图 4.31（b）为基本正反转控制电路，系由两个单向连续运转控制电路组合而成。主电路用正、反转接触器 KM_1、KM_2 的主触头来改变接到电动机上电源的相序，实现电动机的正反转。但若发生在电动机正转时按下反转按钮 SB_3，或在电动机反转时按下正转按钮 SB_2 的误操作，由于正、反转接触器 KM_1、KM_2 线圈均通电吸合，其主触头均闭合，将发生电源两相短路的严重后果，因此图 4.31（a）正反转控制电路不宜使用。

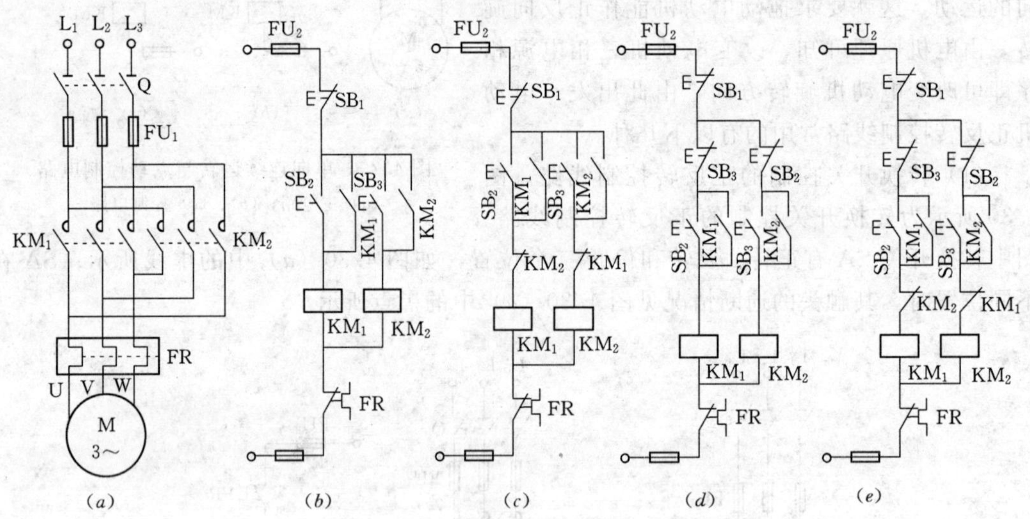

图 4.31 按钮控制电动机正反转的电路
（a）主电路；（b）基本电路；（c）电气互锁电路；
（d）机械互锁电路；（e）复合互锁电路

2）图 4.31（c）为带电气互锁的正反转控制电路，其操作及操作后的动作过程如下。首先合上电源开关 Q，接通主电路和控制电路的电源。

a. 正转。

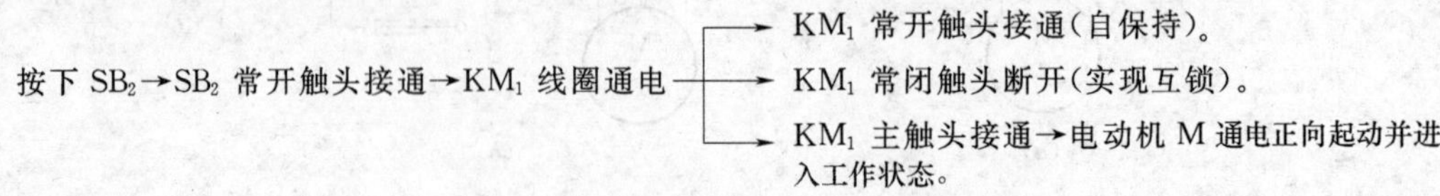

b. 停止。

按下 SB_1→SB_1 常闭触头断开→KM_1 线圈断电
→ KM_1 常开触头断开（解除自保持）。
→ KM_1 常闭触头接通（解除互锁）。
→ KM_1 主触头断开→电动机 M 通电。

c. 反转。

按下 SB_3→SB_3 常开触头接通→KM_2 线圈通电
- → KM_2 常开触头接通(自保持)。
- → KM_2 常闭触头断开(实现互锁)。
- → KM_2 主触头接通→电动机 M 通电反向起动并进入工作状态。

在电动机反转时若想使其正转，直接按正转按钮将不起作用，必须先按停止按钮，再按正转按钮电动机才能正转。这是因为 KM_1、KM_2 的常闭触头分别串接在对方的电路中，形成 KM_1 和 KM_2 线圈只允许有一个通电，从而避免上述误操作时发生电源两相短路，这种相互制约的关系称为互锁。用接触器或继电器常闭触头构成的互锁称为电气互锁。在这一电气互锁电路中，要实现电动机由正转变成反转或由反转变成正转，都必须先按停止按钮，再按反转或正转按钮，电动机才能改变转向。

3）图 4.31（*d*）为带机械互锁的正反转控制电路，其操作及操作后的动作过程如下。

首先合上电源开关 Q，接通主电路和控制电路的电源。

a. 正转。

按下 SB_2
- → SB_2 常闭触头断开(实现互锁)。
- → SB_2 常开触头接通→KM_1 线圈通电
  - → KM_1 常开触头接通(实现自保持)。
  - → KM_1 主触头接通→电动机 M 通电正向起动并进入工作状态。

b. 停止。

按下 SB_1→SB_1 常闭触头断开→KM_1 线圈断电
- → KM_1 常开触头断开(解除自保持)。
- → KM_1 主触头断开→电动机 M 断电。

c. 反转。

要使电动机反转，可先按停止按钮 SB_1，再按反转按钮 SB_2，其动作过程与上述正转的动作过程相似；也可在电动机正转的情况下直接按反转按钮，其动作过程如下。

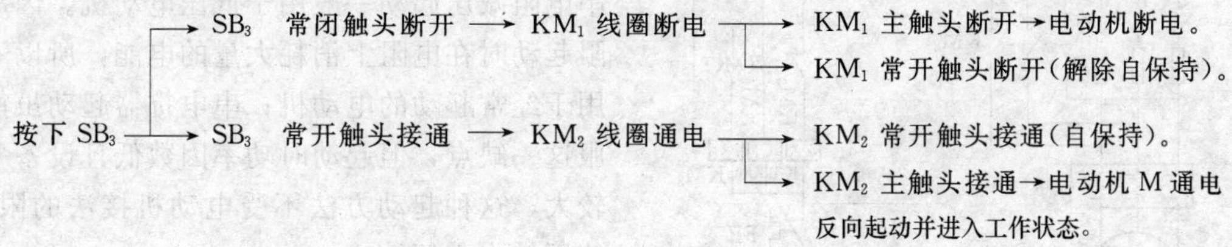

由上可知，利用按钮 SB_2 和 SB_3 的常闭触头，实现 KM_1 和 KM_2 接触器线圈只允许有一个通电，即实现 KM_1 和 KM_2 之间的互锁，这种利用按钮常闭触头实现的互锁也称为机械互锁。

4）图 4.31（*e*）为复合互锁的正反转控制电路，它既有电气互锁又有机械互锁。下面只分析正转和停止操作的动作过程。

首先合上电源开关 Q，接通主电路和控制电路的电源。

a. 正转。

按下 SB_2 → SB_2 常闭触头断开（机械互锁）。
→ SB_2 常开触头接通→KM_1 线圈通电 → KM_1 常闭触头断开（电气互锁）。
→ KM_1 常开触头接通（实现自保持）。
→ KM_1 主触头接通→电动机 M通电正向起动并进入工作状态。

b. 停止。

按下 SB_1→SB_1 常闭触头断开→KM_1 线圈断电 → KM_1 常开触头断开（解除自保持）。
→ KM_1 主触头断开→电动机 M 断电。

若想改变转向，可先按停止按钮再按反转按钮，也可直接按反转按钮来实现。机械设备上常用这种正反转控制电路。

4.2.3.2 三相笼形异步电动机的减压起动控制线路

当异步电动机容量不允许采用全压起动时，应采用减压起动。为减小起动时对机械的冲击，即便允许异步电动机采用直接起动，有时也采用减压起动。由于电动机的电磁转矩与端电压的平方成正比，减压起动时会使起动转矩减小，所以减压起动仅适用于空载或轻载起动。

三相笼形异步电动机减压起动方法有：定于电路串电阻或电抗器减压起动、自耦变压器减压起动、Y－Δ 减压起动、延边三角形减压起动等。减压起动是为了减小起动电流，从而保护电源变压器和减小线路压降，而当电动机转速上升到接近稳定转速时，再将电压恢复到额定电压，使电动机进入正常运行。

1. 定子绕组串电阻或电抗器减压起动控制线路

三相异步电动机定子绕组串电阻或电抗器起动时，起动电流在电阻或电抗器上产生电压降，使加在电动机定子绕组上的电压低于电源电压，从而使起动电流减小。待电动机转速接近稳定转速时，再将电阻或电抗器短接，使电动机在额定电压下运行。

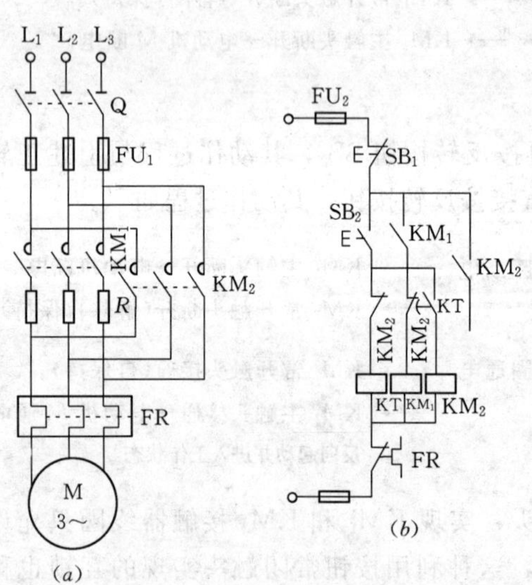

图 4.32 定子绕组串电阻减压起动控制电路
(*a*) 主电路；(*b*) 控制电路

串电抗器减压起动通常用于高压电动机，串电阻减压起动一般用于低压电动机。因串电阻起动时在电阻上消耗大量的电能，所以不宜用于经常起动的电动机；串电抗器起动虽能克服这一缺点，但起动时功率因数低且设备费用较大，这种起动方法不受电动机接法的限制，使用较为方便。

图 4.32 为定子绕组串电阻减压起动控制电路。图 4.32（*b*）中 SB_2 为起动按钮，SB_1 为停止按钮，KM_1 为起动接触器，KM_2 为运行接触器，KT 为时间继电器。

下面对操作后的动作过程进行分析。

首先合上电源开关 Q，接通主电路和控制电路的电源，此时电路无动作。

（1）起动。

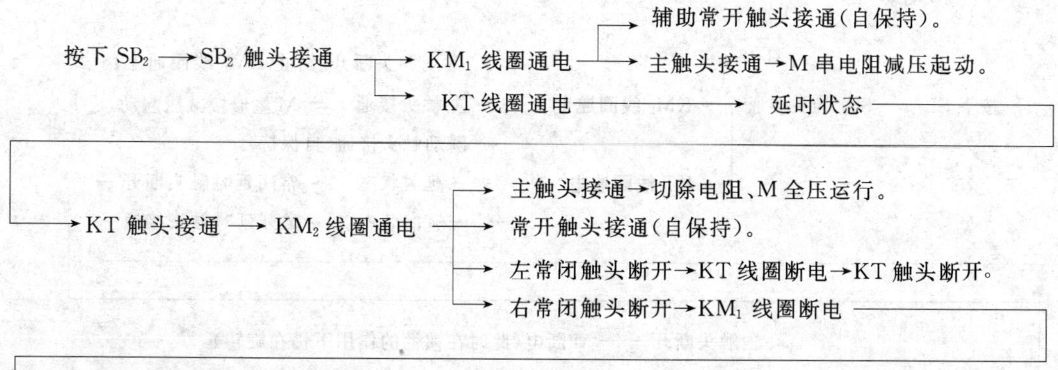

→主触头断开(断开定子电阻)。

→辅助常开触头断开(解除自保持)。

(2) 停止。

按下 SB_1→SB_1 解头断开→所有圈断电→所有触头复位 → 电动机 M 断电。 → 解除自保持。

由上述分析可知，当电动机转速上升到接近稳定转速时，时间继电器 KT 常开延时闭合触头才接通，其延时时间应根据实际需要整定。本电路有两个自保持触头，应注意它们所跨接的电路是不同的。

2. Y—△减压起动控制线路

Y—△减压起动适用于△接法的三相异步电动机。起动时定子绕组先接成星形，待电动机转速升高到接近于稳定转速时，将定子绕组换接成三角形，电动机便进入全压运行状态。

Y—△减压起动控制线路有两个接触器控制和三接触器控制两种。在两个接触器控制的 Y—△减压起动控制线路中，因辅助触头用于主电路，只适用于小容量（13kW 以下）的异步电动机；三个接触器控制的 Y—△减压起动控制线路适用于大容量异步电动机。

两接触器控制的 Y—△减压起动控制电路如图 4.33 所示。图 4.33 (*b*) 中 SB_2 为起动按钮，SB_1 为停止按钮，KM_1 为线路接触器，KM_2 为 Y—△转换接触器，KT 为减压起动时间继电器。当 KM_2 线圈未通电时，主触头的断开和两个辅助常闭触头的接通，使电动机 M 接成星形；当 KM_2 线圈通电时，主触头的接通和两个辅助常闭触头的断开，使时电动机 M 接成三角形。KT 有瞬动、常开延时闭合和常闭延时断开三种触头。

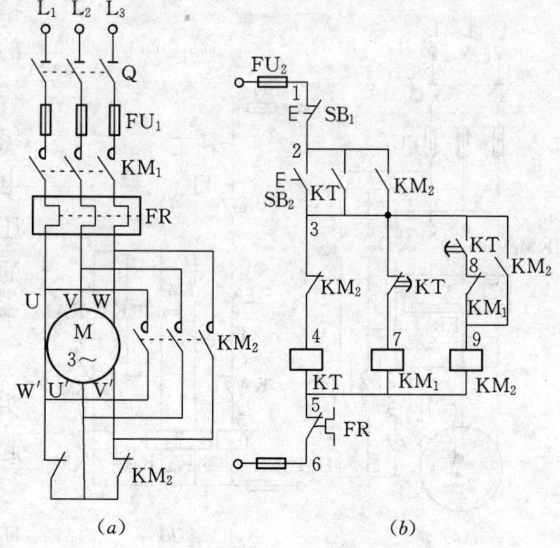

图 4.33　二接触器控制的 Y—△减压起动控制电路

(*a*) 主电路；(*b*) 控制电路

下面对操作后的动作过程进行分析。

首先合上电源开关 Q，接通主电路和控制电路的电源，此时电路无动作。

（1）起动。

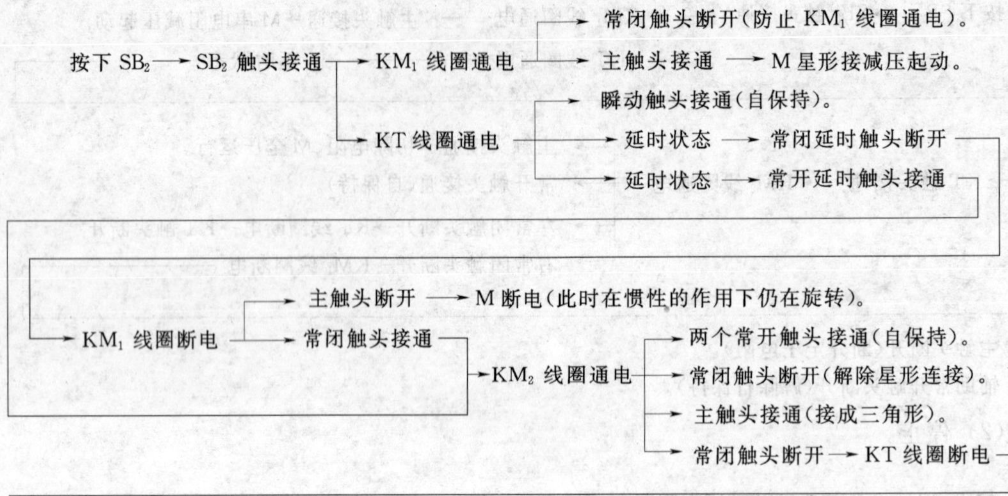

→ 瞬动触头断开。

→ 常开延时触头立即断开（无动作）。

→ 常闭延时触头立即接通 → KM_1 线圈通电 → 常闭触头断开。 → 主触头接通 → M 接成三角形全压运行。

（2）停止。

按下 SB_1 → SB_1 触头断开 → 所有线圈断电 → 所有触头复位 → 电动机 M 断电。 → 解除自保持。

本控制线路具有短路保护、过载保护和失压欠压保护。

3. 自耦变压器减压起动控制线路

自耦变压器减压起动时，自耦变压器原边接在电网上，副边接在三相异步电动机定于绕组上，加在定子绕组的电压是自耦变压器的二次电压 U_2，即 $U_2=U_1/K$，待电动机转速接近于稳定转速时，再将电动机定于绕组接在电网上进入正常运转。由于三相异步电动机的起动转矩正比于 U^2，所以自耦变压器减压起动时的起动转矩降为直接起动时的 $1/K^2$，因此，自耦变压器减压起动常用于电动机的空载或轻载起动。

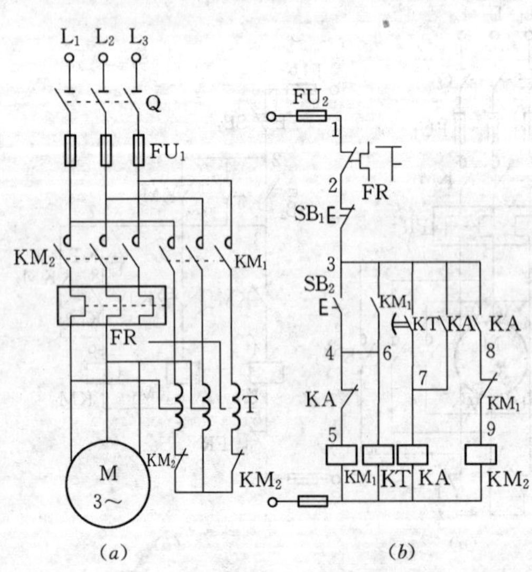

图 4.34 自耦变压器减压起动控制电路

(a) 主电路；(b) 控制电路

自耦变压器的二次统组上一般有多个抽头，以获得不同的二次电压，从而满足不同起动场合下的使用要求。

自耦变压器减压起动控制电路如图 4.34 所示。图 4.34（*a*）中 T 为自耦变压器，图 4.34（*b*）中 SB_2 为起动按钮，SB_1 为停止按钮，KM_1 为减压起动接触器，KM_2 为全

压运行接触器，KT 为减压起动时间继电器。当 KM_1 线圈通电而 KM_2 断电时，电动机降压起动；当 KM_2 线圈通电而 KM_1 断电时，电动机全压运行。

操作后的动作过程分析如下。

首先合上电源开关 Q，接通主电路和控制电路的电源，此时电路无动作。

(1) 起动。

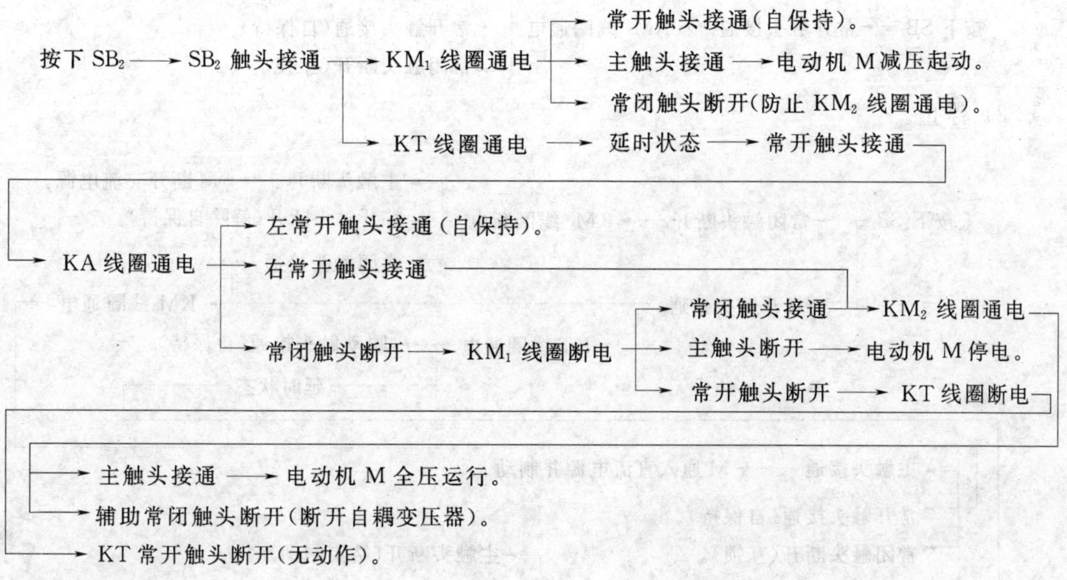

(2) 停止。

按下 SB_1 → SB_1 触头断开 → 所有线圈断电 → 所有触头复位 → 电动机 M 断电。
→ 解除自保持。

本电气控制线路具有短路保护、过载保护和失压欠压保护。

4.2.3.3 三相异步电动机电气制动控制线路

在电力拖动系统中，为提高生产效率，生产机械往往要求能迅速停车，但是由于惯性的作用，三相异步电动机断开电源后转子不可能立即停转。因此，应采取有效的制动措施。通常采用的制动方法有机械制动与电气制动，机械制动是利用外加的机械力使电动机转子迅速停转，电气制动是利用电动机的电磁转矩使电动机转子迅速停转。电气制动有能耗制动、反接制动、电容制动与双流制动等，这里只介绍能耗制动和反接制动控制线路。

1. 能耗制动控制线路

能耗制动是在三相异步电动机断开三相交流电源后，迅速在定于绕组上加一直流电源，以产生定子固定磁场。电动机转子在惯性作用下旋转时，切割定子固定磁场而在转子中产生感应电势，流过感应电流，转子感应电流与固定磁场相互作用产生电磁力和电磁转矩，该转矩方向与转子旋转方向相反，是一个制动转矩，从而使电动机转速迅速下降至零。按接入直流电源的控制方法不同，能耗制动有速度原则控制和时间原则控制，相应的控反接制动控制元件为速度继电器和时间继电器。

(1) 按时间原则控制。图 4.35 为时间原则控制的三相异步电动机单向运行能耗制动控制电路。图 4.35 中 KM_1 为单向运行接触器，KM_2 为能耗制动接触器，KT 为时间继电器，T 为整流变压器，VC 为桥式整流电路。

下面分析操作后的动作过程。

首先合上电源开关 Q，接通主电路和控制电路的电源，此时电路无动作。

1）起动。

按下 SB_2 → 常开触头接通 → KM_1 线圈通电 → 主触头接通 → 电动机 M 起动。
→ 常开触头接通(自保持)。
→ 常闭触头断开(互锁)。

2）停止。

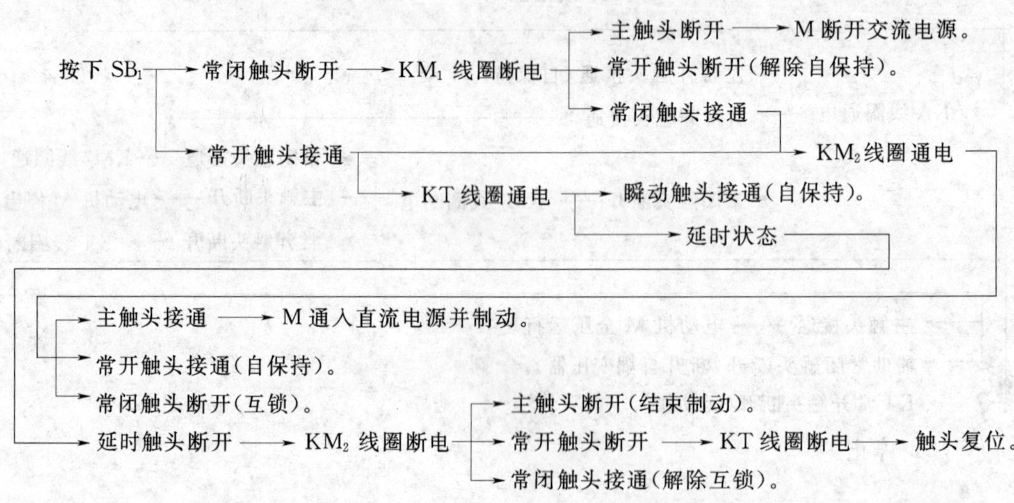

在该电路中，将 KT 常开瞬动触头与 KM_2 常开触头串接来自保持，是为避免时间继电器线圈断线或其他故障，使 KT 常闭延时断开触头断不开，导致 KM_2 线圈长期通电和电动机定子长期通入直流电源。

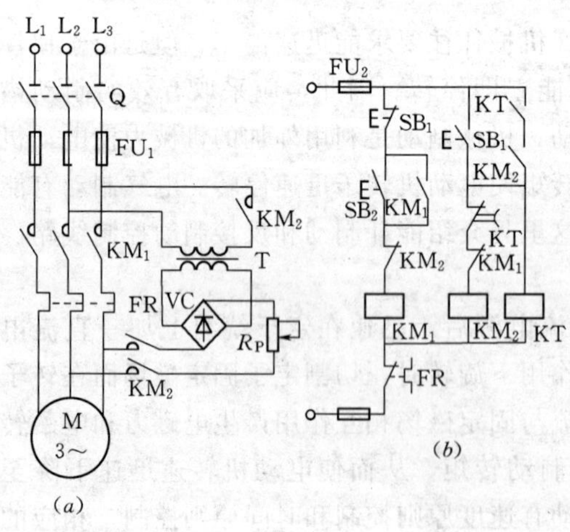

图 4.35 时间原则控制的单向运动能耗制动控制电路

(a) 主电路；(b) 控制电路

(2) 按速度原则控制。图 4.36 所示为速度原则控制的可逆运行能耗制动控制电路。图中 KM_1、KM_2 为电动机正反转接触器，KM_3 为能耗制动接触器，KV 为速度继电器。

工作情况：合上电源开关 Q，根据工作需要按下正转或反转起动按钮 SB_2 或 SB_3，相应接触器 KM_1 或 KM_2 通电吸合并自保持，电动机正常运转。此时速度继电器的正转或反转触头 KV—1 或 KV—2 闭合，为停车接通 KM_3 实现能耗制动做准备。

停车时，按下停止按钮 SB_1，电动机定子绕组脱离三相交流电源。当 SB_1 按到底时，KM_3 线圈通电并自保持，电动机定子接入直

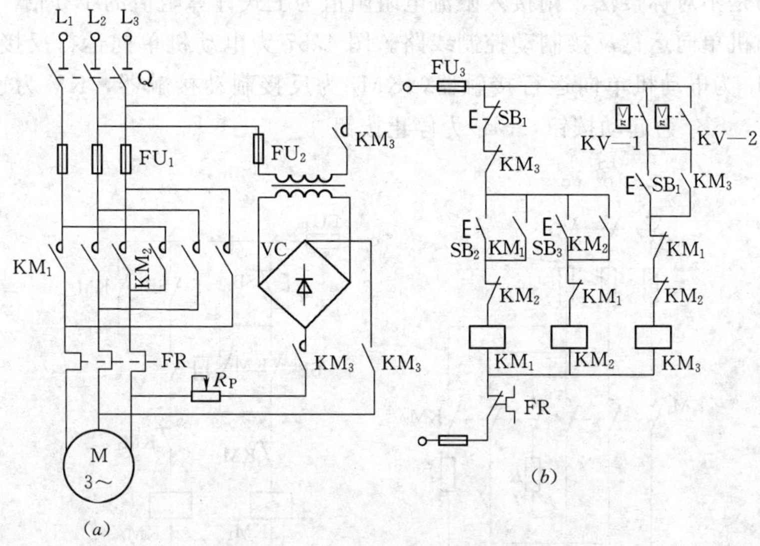

图 4.36　速度原则控制的可逆运行能耗制动控制电路

(a) 主电路；(b) 控制电路

流电源进行能耗制动，电动机转速迅速下降，当转速降至 100r/min 时，速度继电器的触头 KV—1 或 KV—2 断开，使 KM_3 线圈断电释放，能耗制动结束，以后电动机自然停车。

时间原则控制的能耗制动，一般适用于负载转矩较为稳定的电动机，这时时间继电器的延时整定值比较固定。而对于那些通过传动系统来实现负载转速变换的生产机械，采用速度原则控制较为合适。

2. 反接制动控制线路

三相异步电动机反接制动有两种情况：一种是电动机在负载转矩的作用下，使按正转接线的电动机反转，此时电磁转矩为制动转矩，这种制动方法叫倒拉反接制动；另一种是在电动机正转的情况下，将正转接线改为反转接线，即改变电源的相序，而产生制动转矩，这种制动方法叫电源反接制动。前者往往出现在重力负载场合，不能使电动机转速为零，这种制动将在桥式起重机电气控制中讨论；后者是通过改变电动机电源的相序，使电动机定子旋转磁场与转子旋转方向相反，此时的电磁转矩是一个制动转矩，使电动机转速迅速下降，当电动机转速接近于零时，应立即切断三相交流电源，否则电动机将反向起动旋转。

电源反接制动时，电动机转子与定子旋转磁场的相对速度接近于同步转速的 2 倍，以致反接制动电流接近于电动机全压起动时起动电流的 2 倍，于是产生过大的制动转矩和使电动机绕组过热。因此，电源反接制动时，应在电动机定子电路中串入限流电阻，并应限制每小时反接制动的次数。限流电阻有三相对称接法和只有两相接入的不对称接法，当采用三相对称接法时，其阻值可按如下经验公式计算

$$R=K\frac{U_N}{I_{ST}}$$

式中：R 为限流电阻，Ω；K 为由反接制动电流允许值决定的系数，当反接制动电流小于 I_{ST} 时，$K=1.5$，当反接制动电流等于 I_{ST} 时，$K=1.3$；U_N 为电动机起动时电源相电压，V；I_{ST} 为电动机额定电压下起动时的起动电流，A。

若采用的是不对称接法，则接入限流电阻阻值为上式计算阻值的1.5倍。

(1) 电动机单向运行反接制动控制线路。图4.37为电动机单向运行反接制动控制电路。图中KM_1为电动机单向运行接触器，KM_2为反接制动接触器，KV为速度继电器，R为限流电阻，SB_2为起动按钮，SB_1为停止按钮。

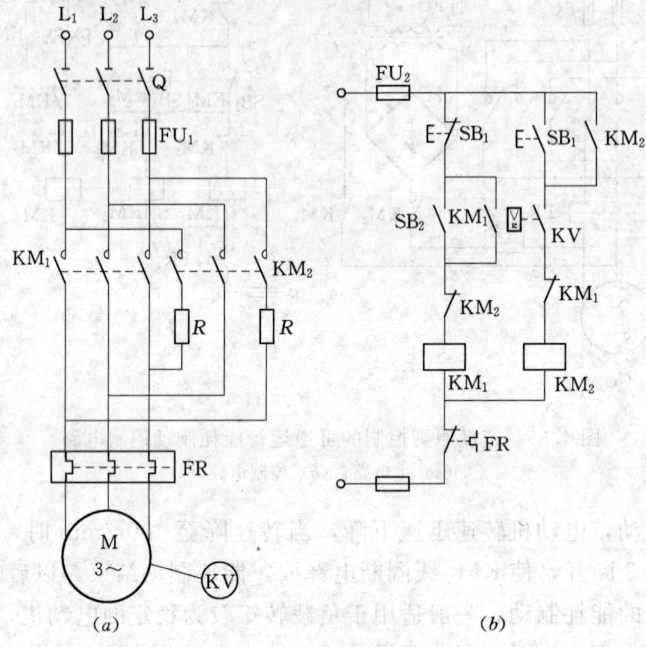

图4.37 电动机单向运行反接制动控制电路

(a) 主电路；(b) 控制电路

下面分析控制线路的工作情况。

首先合上电源开关Q，接通主电路和控制电路的电源，此时电路无动作。

1) 起动。按下起动按钮SB_2，KM_1线圈通电，KM_1主触头接通使电动机M直接起动，KM_1辅助常开触头接通实现自保持，KM_1辅助常闭触头断开实现互锁；随着电动机转速的升高，KV常开触头接通（为制动做准备）。

2) 停止。

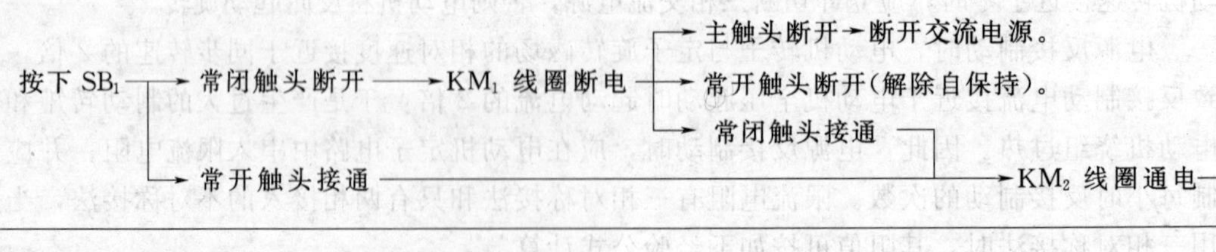

(2) 电动机可逆运行反接制动控制线路。图 4.38 为电动机可逆运行反接制动控制电路。图中 KM_1、KM_2 为电动机正、反转接触器，KM_3 为短接限流电阻的接触器，KA_1、KA_2、KA_3 为中间继电器，KV 为速度继电器，其中 KV—1 为正转触头，KV—2 为反转触头，R 为限流电阻，SB_2、SB_3 为正、反转起动按钮，SB_1 为停止按钮。

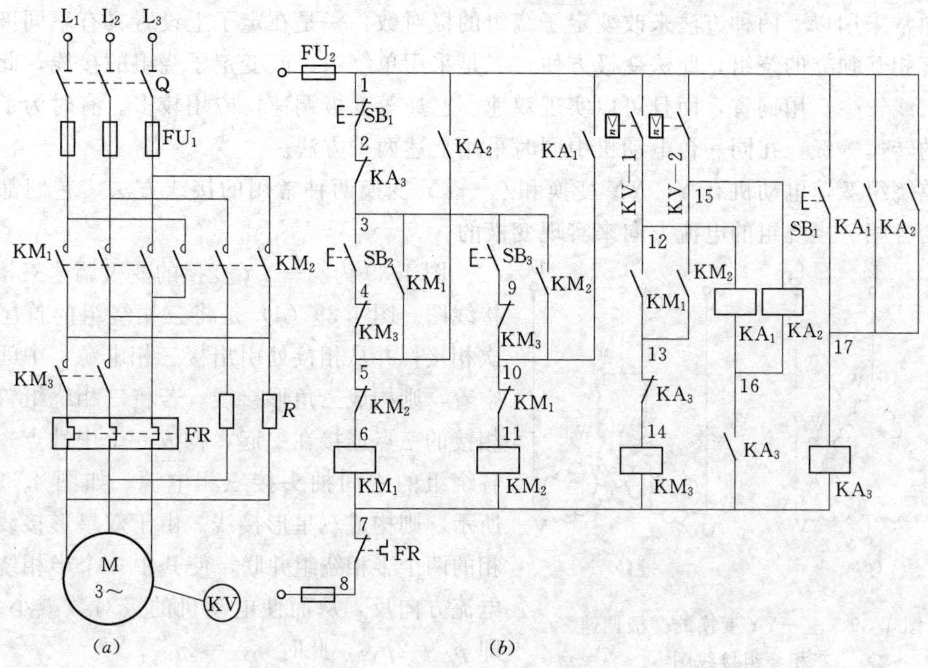

图 4.38 电动机可逆运行反接制动控制电路

(a) 主电路；(b) 控制电路

电动机正、反向起动及停车制动的工作情况与单向运行反接制动控制线路相似，读者可参照上述分析方法自行分析，这里不作详述。分析时应注意以下几点：

1) 当电动机正转转速大于 130r/min 时速度继电器触头 KV—1 接通，正转转速小于 100r/min 时，速度继电器触头 KV—1 断开；当反转转速大于 130r/min 时，速度继电器触头 KV—2 接通，反转转速小于 100r/min 时，速度继电器触头 KV－2 断开。

2) 电阻 R 具有限制起动电流和反接制动电流的双重作用。

3) 停车时应将 SB_1 按钮接到底，否则将因 SB_1 的常开触头不闭合而无制动。

4) 热继电器发热元件接于图 4.37 中位置，可避免起动电流和制动电流的影响。

4.2.3.4 三相异步电动机变极调速控制线路

由三相异步电动机的转速 $n=\frac{60f_1}{p}(1-s)$ 可知，其调速方法有变频调速、变极调速和变转差率调速三种。变频调速要用变频装置来改变电源频率，变极调速要用继电器、接触器来改变电动机接线，变转差率调速可通过改变电源电压、改变转子电阻等方法来实现。

下面将概述变极调速。

改变电动机的磁极对数，就改变了电动机的同步转速，也就改变了电动机的转速。变极调速必须选用“双速”或“多速”电动机，一般三相异步电动机的磁极对数不能改变的。由于电动机的极对数是整数，所以这种调速是有级调速。

从原理上讲，变极调速对笼形异步电动机和绕线形异步电动机都适用，但对绕线形异步电动机，要改变转子磁极对数并使其与定子磁极对数一致，转子结构则相当复杂，故一般不采用。而笼形异步电动机转子极对数具有自动与定子极对数相等的能力，因而只要改变定子极对数即可，所以变极调速主要适用于三相笼形异步电动机。

通常采用以下两种方法来改变定子绕组的极对数：一是在定子上设置具有不同极对数的两套相互独立的绕组，此法变极方便；二是采用单绕组、改变定子绕组的接线，此法不仅引出线较少、用铜省，而且可以实现双速、三速等变极调速，应用较多。有时为了获得更多的转速等级，在同一台电动机中同时采用上述两种方法。

单绕组双速电动机有Y—YY变换和△—YY变换两种常用的接线方法，它们都是通过改变各相一半绕组的电流方向来实现变极的。

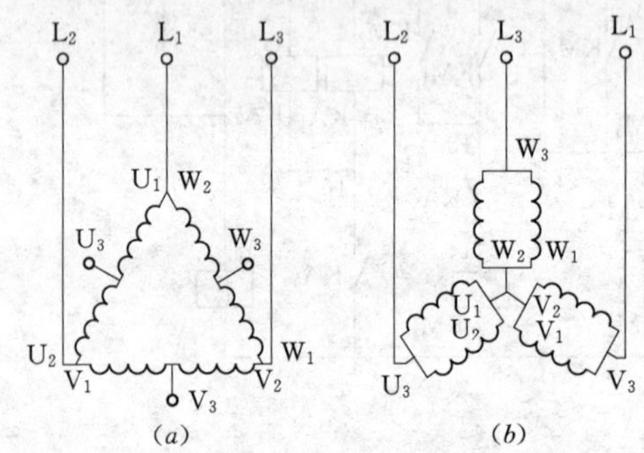

图 4.39 △—YY 变换的变极调速三相绕组接线图
(*a*) △接线；(*b*) YY 接线

图 4.39 为△—YY 变换的变极调速三相绕组接线图。图 4.39（*a*）是将三相绕组的首尾端依次相接，并从相接处引出接三相电源，中间抽头空着，则构成三角形接线。若将三相绕组首尾端相接的三点连接在一起，构成一个中性点，而将各绕组的中间抽头接三相电源，如图 4.39（*b*）所示，则构成双星形接线。由于双星形接线中每相的两个半相绕组并联，使其中一个半相绕组的电流方向反，从而使电动机的极对数减小一半，即 $p_{\triangle}=2p_{YY}$，此时 $n_{1YY}=2n_{1\triangle}$。

应当注意，变极后若电源相序不变，电动机将反转，为保持电动机变极后的转向不变，在变极的同时应改变电源相序。

4.2.4 任务实施 识读基本电气控制线路的方法

1. 认识符号

控制线路原理图是由图形符号和文字符号组成的，认识图形符号和文字符号是分析电气图的基础。这些符号可从有关资料和手册中查出。

2. 熟悉控制设备的动作情况及触头状态

每个控制设备的动作情况及触头状态，直接影响整个电气控制线路的动作顺序。为正确分析电气控制线路的动作过程，必须熟悉控制设备的动作情况及触头状态。例如，接触器线圈断电时，电磁机构释放，其常开触头为断开状态、常闭触头为接通状态；而接触器线圈通电后，电磁机构吸合，其常开触头为接通状态、常闭触头为断开状态。又如在行车上，当主令控制器手柄置于不同位置时，其触头的通断情况也不同（参见主令控制器触头状态表）。可见，接触器线圈的通、断电、主令控制器手柄置于不同位置，决定相应触头的通断情况。

3. 弄清控制目的和控制方法

电气控制线路的控制对象是电动机，不同的控制线路有不同的控制目的。控制方法是指采用什么办法来达到控制目的。例如，三相异步电动机正反转控制控制线路，其控制目的是实现电动机的正转和反转；其控制方法是利用接触器的主触头来对调接到电动机定子上的任意两相电源，来实现电动机的正转和反转。又如，自动往复循环控制电路，其控制

目的是使电动机先向一个方向旋转，经过一段时间后再向另一个方向旋转，如此反复变换下去；其控制方法是利用限位开关和接触器配合来对调接到电动机定子上的两相电源，使电动机正转和反转，从而拖动机械上运动机构的往复运动。

4. 按操作后的动作流程来分析动作过程

下面以三相异步电动机正反转控制线路（电气互锁），如图 4.31（*a*）、（*c*）为例，来说明正转操作后的动作过程。其动作流程如下：

首先合上电源开关 Q，接通主电路和控制电路的电源。

（1）正转。

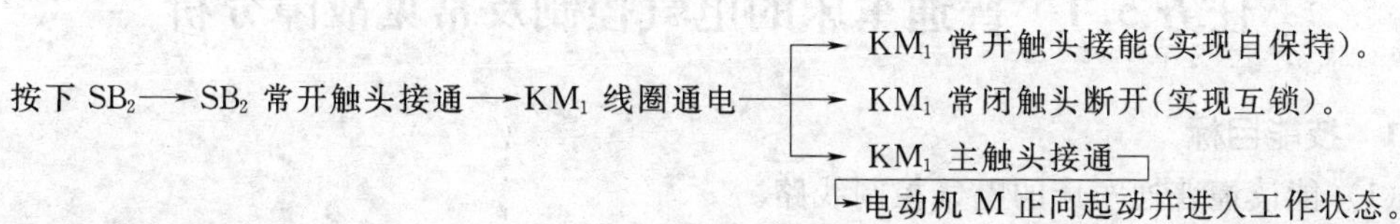

（2）停止。

按下 SB_1 → SB_1 常闭触头断开 → KM_1 线圈断电 →
- KM_1 常开触头断开(解除自保持)。
- KM_1 常闭触头接通(解除互锁)。
- KM_1 主触头断开 → 电动机 M 停止。

5. 假设故障分析现象

在故障检修时，常常要根据故障现象来判断故障原因，以便检查和处理。假设故障并分析故障后的现象，就是为在实际工作中根据故障现象判断故障原因打好基础。现仍用上述的动作流程来阐述分析方法，假设 KM_1 的常开辅助触头因某种原因而不能接通，此时会出现什么现象呢？从动作流程可见，由于此触头不能接通，按钮 SB_2 无法实现自保持，因此，当松开不按 SB_2 时，KM_1 线圈会断电，主触头断开而使电动机 M 停止，也就是说按下 SB_1 电动机 M 正转，松开 SB_1，电动机 M 停止。

项目5 机床电气控制

机床电气控制电路是机床的重要组成部分，它完成对机床运动部件的运动、制动、反向和调速等控制，保证各运动部件运动的准确和协调动作，以达到生产工艺的要求。

任务5.1 普通车床的电气控制及常见故障分析

5.1.1 技能目标

（1）能读懂普通车床的电气控制线路。

（2）能够正确分析、排除普通车床的电气故障。

5.1.2 知识要点

（1）普通车床的主要结构及运动形式。

（2）普通车床的电气控制原理。

5.1.3 知识准备

这里主要讲述普通车床的电气控制及常见故障分析。

车床是一种应用极为广泛的金属切削设备，用于对各种具有旋转表面的工件进行加工，如车削外圆、内圆、端面和螺纹等。除车刀之外，还可用钻头、铰刀和镗刀等刀具进行加工。

1. 卧式车床的主要结构、运动形式及控制要求

（1）卧式车床的主要结构。卧式车床的外形结构如图5.1所示，主要由床身、主轴变速箱、挂轮箱、进给箱、溜板箱、溜板与刀架、尾座、光杠和丝杠等部分组成。

（2）卧式车床的运动形式。为了加工各种旋转表面，车床必须进行切削运动和辅助运动。切削运动包括主运动和进给运动，而除此之外的其他运动皆为辅助运动。

1）主运动。指工件的旋转运动，是由主轴通过卡盘或顶尖带着工件旋转，主轴的旋转是由主轴电动机经传动机构拖动的。车削加工时，根据被加工工件的材料性质、加工方式等条件，要求主轴能在一定的范围内变速。另外，为了加工螺纹等工件，还要求主轴能够正、反转。

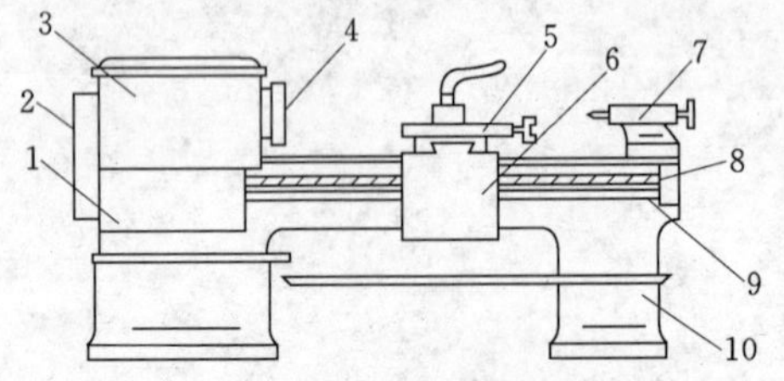

图5.1 卧式车床的外形结构示意图
1—进给箱；2—挂轮箱；3—主轴变速箱；4—卡箱；5—溜板与刀架；6—溜板箱；7—尾座；8—丝杠；9—光杠；10—床身

2）进给运动。指刀架的纵向或横向直线运动。刀架的进给运动也是由主轴电动机拖动的，其运动方式有手动和自动两种。在进行螺纹加工时，工件的旋转速度与刀架的进给速度之间应有严格的比例关系，因此，车床刀架的纵向或横向两个方向进给运动是由主轴箱输出轴依次经挂轮箱、进给箱、光杠传入溜板箱而获得的。

3）辅助运动。指刀架的快速移动、尾座的移动以及工件的夹紧与放松等。

(3) 车床的控制要求。从车床加工工艺特点出发，对中、小型卧式车床的电气控制要求为：

1) 主轴电动机一般选用三相笼形异步电动机。为了保证主运动与进给运动之间的严格比例关系，只采用一台电动机来驱动。为了满足调速要求，通常采用机械变速，由车床主轴箱通过齿轮变速箱与主轴电动机的连接来完成。

2) 为车削螺纹，要求主轴能够正、反向运行。对于小型车床，主轴正反向运行由主轴电动机正反转来实现；当主轴电动机容量较大时，主轴的正反向运行则靠摩擦离合器来实现，电动机只作单向旋转。

3) 主轴电动机的起动、停止能实现自动控制。一般中小型车床的主轴电动机均采用直接起动；当电动机容量较大时，通常采用 Y—△降压起动。为实现快速停车，一般采用机械或电气制动。

4) 车削加工时，为防止刀具与工件温度过高，需用切削液对其进行冷却，为此设置有一台冷却泵电动机，驱动冷却泵输出冷却液，而带动冷却泵的电动机只需单向旋转，且与主轴电动机有联锁关系，即冷却泵电动机动作与否应在主轴电动机之后。当主轴电动机停车时，冷却泵电动机应立即停车。

5) 为实现溜板箱的快速移动，应由单独的快速移动电动机来拖动，即采用点动控制。

6) 电路应具有必要的短路、过载、欠压和零压等保护环节，并有安全可靠的局部照明和信号指示。

2. CA6140 型普通车床电气控制电路

CA6140 型普通车床电气控制电路如图 5.2 所示，电气元件表见表 5.1。

(1) 主电路分析。M_1 为主轴电动机，完成主轴主运动和刀具的纵横向进给运动的驱动。该电动机为不调速的笼形异步电动机，主轴采用机械变速，正反向运行采用机械换向机构。

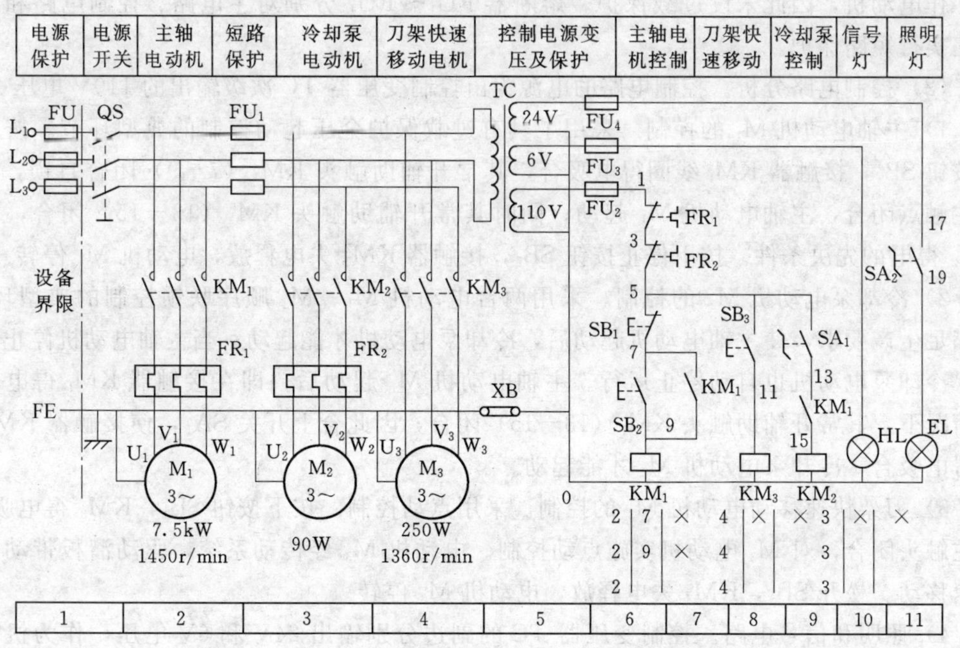

图 5.2 CA6140 型普通车床电气控制电路

表 5.1　　CA6140 型车床电气元件表

符号	名称及用途	符号	名称及用途
M_1	主轴电动机	SA_1	控制冷却泵电动机开关
M_2	冷却泵电动机	SA_2	控制照明灯开关
M_3	快速移动电动机	HL	信号灯
FR_1	M_1 的过载保护热继电器	TC	控制电源变压器
FR_2	M_2 的过载保护热继电器	EL	照明灯
KM_1	控制主轴电动机接触器	FU_1	主电路保护熔断器
KM_2	控制冷却泵电动机接触器	FU_2	控制电路保护熔断器
KM_3	控制快速移动电动机接触器	FU_3	信号灯电路短路保护熔断器
SB_1	停止主轴电动机按钮	FU_4	照明电路短路保护熔断器
SB_2	起动主轴电动机按钮		
SB_3	起动快速移动电动机按钮		

M_2 为冷却泵电动机，加工时提供冷却液，以防止刀具和工件的温升过高。

M_3 为刀架快速移动电动机，可根据使用需要，随时手动控制起动或停止。

电动机 M_1、M_2、M_3 容量都小于 10kW，均采用全压直接起动，皆为接触器控制的单向运行控制电路。三相交流电源通过转换开关 QS 引入，接触器 KM_1 的主触头控制 M_1 的起动和停止。接触器 KM_2 的主触头控制 M_2 的起动和停止。接触器 KM_3 的主触头控制 M_3 的起动和停止。KM_1 由按钮 SB_1、SB_2 控制，KM_3 由 SB_3 进行点动控制，KM_2 由开关 SA_1 控制。主轴正反向运行由摩擦离合器实现。

M_1、M_2 为连续运动的电动机，分别利用热继电器 FR_1、FR_2 作过载保护；M_3 为短期工作电动机，因此未设过载保护。熔断器 FU_1～FU_4 分别对主电路、控制电路和辅助电路实行短路保护。

（2）控制电路分析。控制电路的电源为由控制变压器 TC 次级输出的 110V 电压。

1）主轴电动机 M_1 的控制。采用了具有过载保护全压起动控制的典型环节。按下起动按钮 SB_2，接触器 KM_1 线圈得电吸合，其常开辅助触头 KM_1（7－9）闭合自锁，KM_1 的主触点闭合，主轴电动机 M_1 起动；同时其常开辅助触头 KM_1（13－15）闭合，作为 KM_2 得电的先决条件。按下停止按钮 SB_1，接触器 KM_1 失电释放，电动机 M_1 停转。

2）冷却泵电动机 M_2 的控制。采用两台电动机 M_1、M_2 顺序联锁控制的典型环节，以满足生产要求，使主轴电动机起动后，冷却泵电动机才能起动；当主轴电动机停止运行时，冷却泵电动机也自动停止运行。主轴电动机 M_1 起动后，即在接触器 KM_1 得电吸合的情况下，其常开辅助触头 KM_1（13－15）闭合，因此合上开关 SA_1，使接触器 KM_2 线圈得电吸合，冷却泵电动机 M_2 才能起动。

3）刀架快速移动电动机 M_3 的控制。采用点动控制。按下按钮 SB_3，KM_3 得电吸合，其主触头闭合，对 M_3 电动机实施点动控制。电动机 M_3 经传动系统，驱动溜板带动刀架快速移动。松开 SB_3，KM_3 失电释放，电动机 M_3 停转。

4）照明和信号电路。控制变压器 TC 的副边分别输出 24V 和 6V 电压，作为机床照明灯和信号灯的电源。EL 为机床的低压照明灯，由开关 SA_2 控制；HL 为电源的信号灯。

5.1.4　任务实施　车床电气控制电路常见故障分析与检修

1. 主轴电动机 M_1 不能起动

主轴电动机 M_1 不能起动，可按下列步骤检修。

（1）检查接触器 KM_1 是否吸合，如果接触器 KM_1 吸合，则故障必然发生在电源电路和主电路上。可按下列方法检修：合上电源开关 QS，用万用表测接触器受电端三相电源线之间的电压，如果电压是 380V，则电源电路正常。当测量接触器主触头任意两点无电压时，则故障是电源开关 QS 接触不良或连线断路。

修复措施：查明损坏原因，更换相同规格和型号的电源开关及连接导线。

（2）断开电源开关，用万用表电阻 $R\times1$ 挡测量接触器输出端之间的电阻值，如果阻值较小且相等，说明所测电路正常；否则，依次检查 FR_1、电动机 M_1 以及它们之间的连线。

修复措施：查明损坏原因，修复或更换同规格、同型号的热继电器 FR_1、电动机 M_1 及其之间的连接导线。

（3）检查接触器 KM_1 主触头是否良好，如果接触不良或烧毛，则更换动、静触头或相同规格的接触器。

（4）检查电动机机械部分是否良好，如果电动机内部轴承等损坏，应更换轴承；如果外部机械有问题，可配合机修钳工进行维修。

2. 主轴电动机 M_1 起动后不能自锁

当按下起动钮 SB_2 时，主轴电动机能起动运转，但松开 SB_2 后，M_1 也随之停止。造成这种故障的原因是接触器 KM_1 的自锁触头接触不良或连接导线松脱。

3. 主轴电动机 M_1 不能停车

造成主轴电动机 M_1 不能停车这种故障的原因多是接触器 KM_1 的主触头熔焊；停止按钮 SB_1 击穿或电路中 5、7 两点连接导线短路；接触器铁芯表面粘牢污垢。可采用下列方法判明是哪种原因造成电动机 M_1 不能停车：若断开 QS，接触器 KM_1 释放，则说明故障为 SB_1 击穿或导线短接；若接触器过一段时间释放，则故障为铁芯表面粘牢污垢；若断开 QS，接触器 KM_1 不释放，则故障为主触头熔焊。根据具体故障采取相应措施修复。

4. 主轴电动机在运行中突然停车

主轴电动机在运行中突然停车这种故障的主要原因是由于热继电器 FR_1 动作。发生这种故障后，一定要找出热继电器 FR_1 动作的原因，排除后才能使其复位。引起热继电器 FR_1 动作的原因可能是：三相电源电压不平衡；电源电压较长时间过低；负载过重以及 M_1 的连接导线接触不良等。

5. 刀架快速移动电动机不能起动

刀架快速移动电动机不能起动时，首先检查 FU_1 熔丝是否熔断；其次检查接触器 KM_3 触头的接触是否良好；若无异常或按下 SB_3 时，接触器 KM_3 不吸合，则故障必定在控制电路中。这时依次检查 FR_1、FR_2 的常闭触头、点动按钮 SB_3 及接触器 KM_3 的线圈是否有断路现象即可。

任务 5.2　摇臂钻床的电气控制及常见故障分析

钻床是一种孔加工设备，可用来钻孔、扩孔、铰孔、攻丝及修刮端面等多种形式的加

工。按用途和结构分类，钻床可分为立式钻床、台式钻床、多轴钻床、摇臂钻床及其他专用钻床等。在各类钻床中，摇臂钻床操作方便、灵活，适用范围广，具有典型性，特别适用于单件或批量生产带有多孔大型零件的孔加工，是一般机械加工车间常见的机床。

5.2.1 技能目标

(1) 能读懂钻床电气控制线路。

(2) 能够正确分析、排除钻床的电气故障。

5.2.2 知识要点

(1) 钻床的主要结构和运动形式。

(2) 钻床的电气控制原理。

5.2.3 知识准备

5.2.3.1 摇臂钻床的主要结构、运动形式及控制要求

1. 摇臂钻床的主要结构

摇臂钻床主要由底座、内立柱、外立柱、摇臂、主轴箱及工作台等部分组成，如图5.3所示。

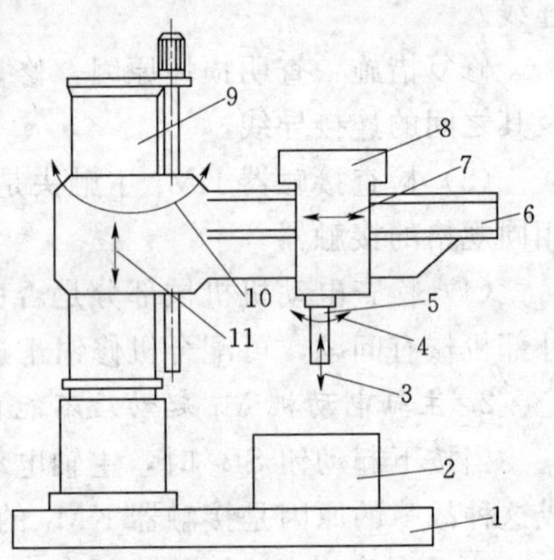

图5.3 摇臂钻床结构及动作情况示意图

1—底座；2—工作台；3—主轴纵向进给；4—主轴旋转主运动；5—主轴；6—摇臂；7—主轴箱沿摇臂径向运动；8—主轴箱；9—内外立柱；10—摇臂回转运动；11—摇臂垂直移动

内立柱固定在底座的一端，在他的外面套有外立柱，外立柱可绕内立柱回转360°。摇臂的一端为套筒，它套装在外立柱上，并借助丝杆的正反转，可沿着外立柱作上下移动。由于丝杆与外立柱连成一体，而升降螺母固定在摇臂上，因此摇臂不能绕外立柱转动，只能与外立柱一起绕内立柱回转。主轴箱是一个复合部件，由主传动电动机、主轴和主轴传动机构、进给和变速机构、机床的操作机构等部分组成。主轴箱安装在摇臂的水平导轨上，可以通过手轮操作，使其在水平导轨上沿摇臂移动。

机床各主要部件的装配关系为

主轴 —安装在→ 主轴箱 ⇢坐落在⇢ 摇臂 ⇢套在⇢ 外立柱 ⇢套在⇢ 内立柱 —固定→ 底座 ←固定— 工作台 ←固定— 工件。(⇢ 表示用液压夹紧机构相联)

2. 摇臂钻床的运动形式

当进行加工时，由特殊的夹紧装置将主轴箱紧固在摇臂导轨上，而外立柱紧固在内立柱上，摇臂紧固在外立柱上，然后进行钻削加工。钻削加工时，钻头一边进行旋转切削，一边进行纵向进给，其运动形式为：

(1) 摇臂钻床的主运动为主轴的旋转运动。

(2) 进给运动为主轴的纵向进给。

(3) 辅助运动有：摇臂沿外立柱垂直移动，主轴箱沿摇臂长度方向的移动，摇臂与外立柱一起绕内立柱的回转运动。

3. 电气拖动特点及控制要求

(1) 摇臂钻床运动部件较多，为了简化传动装置，采用多台电动机拖动。例如 Z3040 型摇臂钻床采用 4 台电动机拖动，他们分别是主轴电动机、摇臂升降电动机、液压泵电动机和冷却泵电动机，这些电动机都采用直接起动方式。

(2) 为了适应多种形式的加工要求，摇臂钻床主轴的旋转及进给运动有较大的调速范围，一般情况下多由机械变速机构实现。主轴变速机构与进给变速机构均装在主轴箱内。

(3) 摇臂钻床的主运动和进给运动均为主轴的运动，为此这两项运动由一台主轴电动机拖动，分别经主轴传动机构、进给传动机构实现主轴的旋转和进给。

(4) 在加工螺纹时，要求主轴能正、反转。摇臂钻床主轴正、反转旋转一般采用机械方法实现。因此主轴电动机仅需要单向旋转。

(5) 摇臂升降电动机要求能正、反向旋转。

(6) 内外主轴的夹紧与放松、主轴与摇臂的夹紧与放松可采用机械操作、电气－机械装置，电气－液压或电气－液压－机械等控制方法实现。若采用液压装置，则备有液压泵电动机，拖动液压泵提供压力油来实现。液压泵电动机要求能正、反向旋转，并根据要求采用点动控制。

(7) 摇臂的移动严格按照摇臂松开→移动→摇臂夹紧的程序进行。因此摇臂的夹紧与摇臂升降按自动控制进行。

(8) 冷却泵电动机带动冷却泵提供冷却液，只要求单向旋转。

(9) 具有联锁与保护环节以及安全照明、信号指示电路。

5.2.3.2　液压系统工作简介

该机床采用先进的液压技术，具有两套液压控制系统：一套是操纵机构液压系统，由主轴电动机拖动齿轮输送压力油，通过操纵机构实现主轴正/反转、停车制动、空挡、预选与变速；另一套由液压泵电动机拖动液压泵输送压力油，实现摇臂的夹紧与松开，主轴箱和立柱的夹紧与松开。

1. 操纵机构液压系统

该系统压力油由主轴电动机拖动齿轮泵送出，由主轴操作手柄来改变两个操纵阀的相互位置，使压力油作不同的分配，获得不同动作。操作手柄有上、下、里、外和中间 5 个空间位置。其中上为“空挡”，下为“变速”，外为“正转”，里为“反转”，中间位置为“停车”。而主轴转速及主轴进给量各由一个旋钮预选，然后再操作主轴手柄。

主轴旋转时，首先按下主轴电动机起动按钮，主轴电动机起动旋转，拖动齿轮泵，送出压力油。然后操纵主轴手柄，扳至所需转向位置（里或外），于是两个操纵阀相互改变位置，使一股压力油将制动摩擦离合器松开，为主轴旋转创造条件；另一股压力油压紧正转（反转）摩擦离合器，接通主轴电动机到主轴的传动链，驱动主轴正转或反转。

在主轴正转或反转的过程中，可转动变速旋钮，改变主轴转速或主轴进给量。

主轴停车时，将操作手柄扳回中间位置，这时主轴电动机仍拖动齿轮泵旋转，但此时整个液压系统为低压油，无法松开制动摩擦离合器，而在制动弹簧作用下将制动摩擦离合器压紧，使制动轴上的齿轮不能转动，实现主轴停车。因此主轴停车时主轴电动机仍在旋转，只是不能将动力传到主轴。

主轴变速与进给变速：将主轴操作手柄扳至“变速”位置，于是改变两个操纵阀的相

互位置，使齿轮泵送出的压力油进入主轴转速预选阀和主轴进给量预选阀，然后进入各变速油缸。变速液压缸为差动液压缸，具体哪个液压缸上腔进压力油或回油，视所选择主轴转速和进给量大小而定。与此同时，另一油路系统推动拨叉缓慢移动，逐渐压紧主轴转速摩擦离合器，接通主轴电动机到主轴的传动链，带动主轴缓慢旋转（称为缓速），以利于齿轮的顺利啮合。当变速完成后，松开操作手柄，此时手柄在弹簧作用下由“变速”位置自动复位到主轴“停车”位置，然后再操纵主轴正转或反转，主轴将在新的转速或进给量下工作。

主轴空挡：当操作手柄扳向“空挡”位置时，压力油使主轴传动中的滑移齿轮处于中间脱开位置。这时，可用手轻便地转动主轴。

2. 夹紧机构液压系统

主轴箱、内外立柱和摇臂的夹紧与松开是由液压泵电动机拖动液压泵送出压力油，推动活塞、菱形块来实现的。其中主轴箱和立柱的夹紧或放松由一个油路控制，而摇臂的夹紧或放松因要与摇臂的升降运动构成自动循环，因此由另一油路来控制。这两个油路均由电磁阀操纵。

图 5.4 所示是夹紧机构液压系统工作示意图。

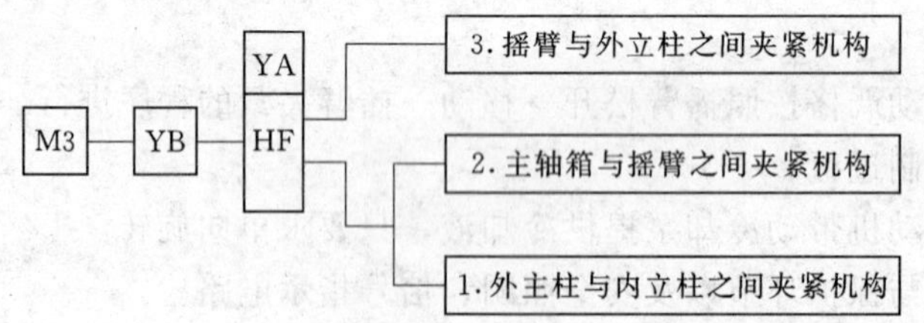

图 5.4 夹紧机构液压系统工作示意图

系统由液压泵电动机 M_3 拖动液压泵 YB 供给压力油，由电磁铁 YA 和二位六通液压阀 HF 组成的电磁阀分配油压给：内外立柱之间、主轴箱与摇臂之间、摇臂与外立柱之间的夹紧机构。

图 5.5 是夹紧机构液压系统工作简图。

夹紧机构液压系统工作情况：

(1) YA 不通电时，HF 的 (1—4)、(2—3) 相通，压力油供给主轴箱、立柱夹紧机构，如这时 M_3 正转，则液压使两个夹紧机构都夹紧（压下微动开关 SQ_4）；否则，夹紧机构放松（SQ_4 释放）（有的 Z3040 型钻床已作改进，这两个夹紧机构可分别单独动作，也可同时动作）。

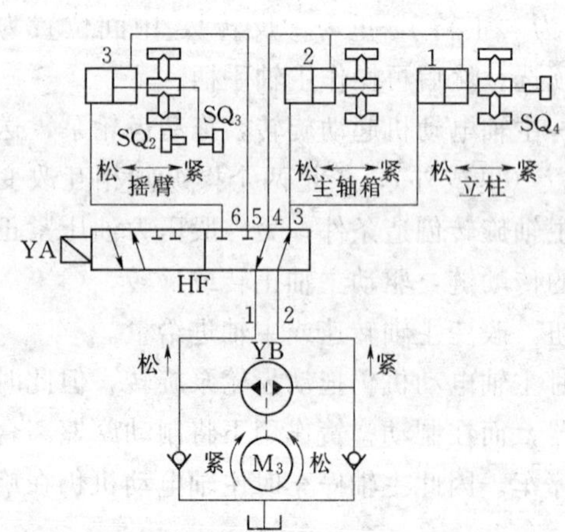

图 5.5 夹紧机构液压系统工作简图

(2) 如 YA 通电时，HF 的 (1—6)、(2—5) 相通，压力油供给摇臂夹紧机构。如这时 M_3 正转，使夹紧机构夹紧，弹簧片压下微动开关 SQ_3，而 SQ_2 释放。如 M_3 反转，则夹紧机构放松，弹簧片压下微动开关 SQ_2，而 SQ_3 释放。

可见，操纵哪一个夹紧机构松开或夹紧机构，既决定于 YA 是否通电，又决定于 M_3 的转向。

5.2.3.3　Z3040 型摇臂钻床电气控制电路

电路如图 5.6 所示。M_1 为主轴电动机，M_2 为摇臂升降电动机，M_3 为液压泵电动机，M_4 为冷却泵电动机，QS 为总电源控制开关。

1. 主轴电动机 M_1 的控制

按动 SB_2 按钮，接触器 KM_1 线圈得电自保，M_1 转动。KM_1 的辅助常开触头闭合，指示灯 HL_3 亮。按动 SB_1 按钮，KM_1 失电，M_1 停转，HL_3 熄灭。这是单向长动控制电路。

2. 摇臂升降控制

摇臂通常处于夹紧状态，免致丝杠承担吊挂。在控制摇臂升降时，除升降电动机 M_2 需转动外，还需要摇臂夹紧机构、液压系统协调配合，完成夹紧→松开→夹紧动作。工作过程如下：

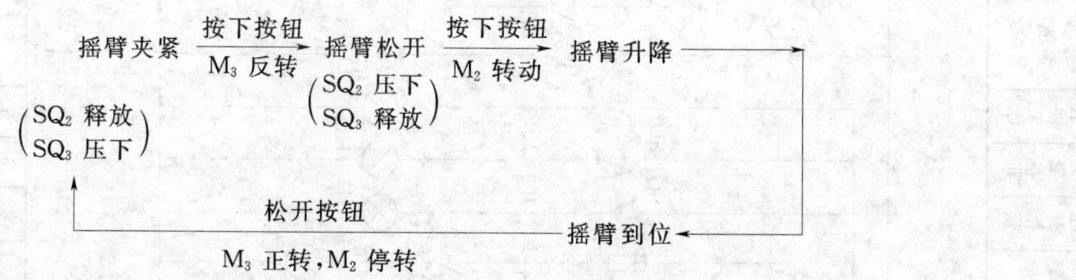

（SQ_2 压下是 M_2 转动的指令，SQ_3 压下是夹紧的标志）

(1) 摇臂上升控制，按下摇臂上升按钮 SB_3（不松开），时间继电器 KT 线圈得电动作：

1）摇臂松开阶段。

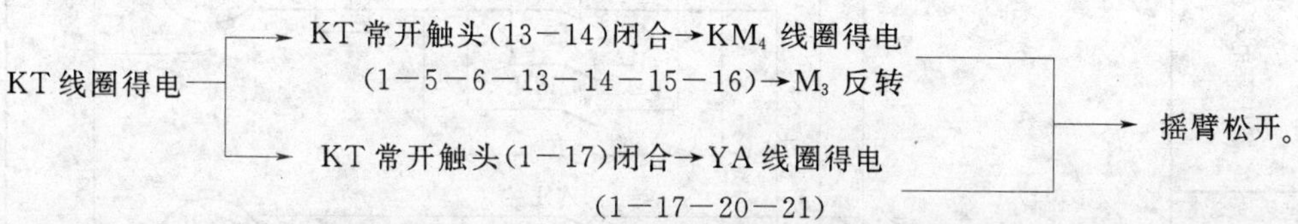

2）摇臂上升。摇臂夹紧机构松开后，微动开关 SQ_3 释放，SQ_2 压下。

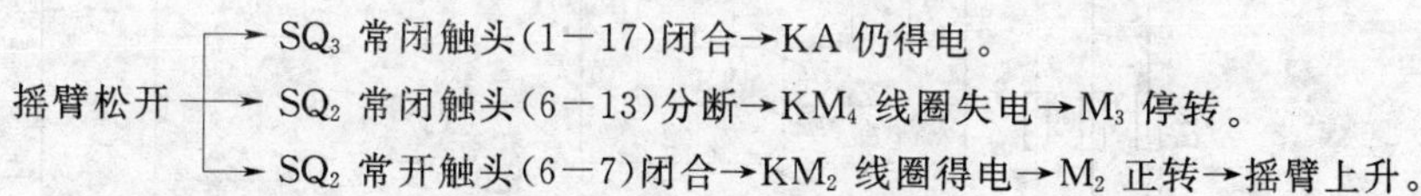

3）摇臂上升到位。松开按钮 SB_3，摇臂又夹紧。

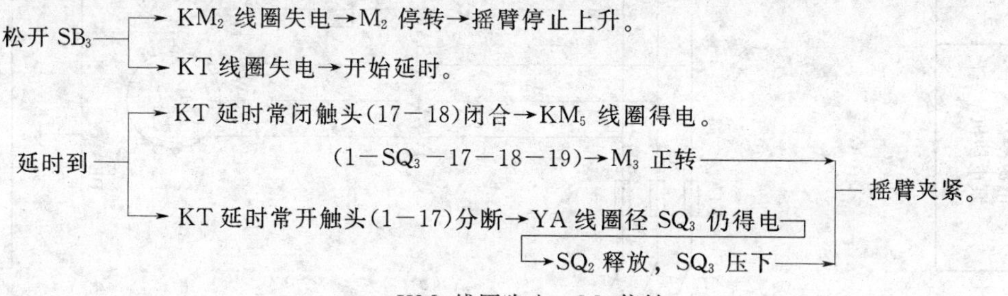

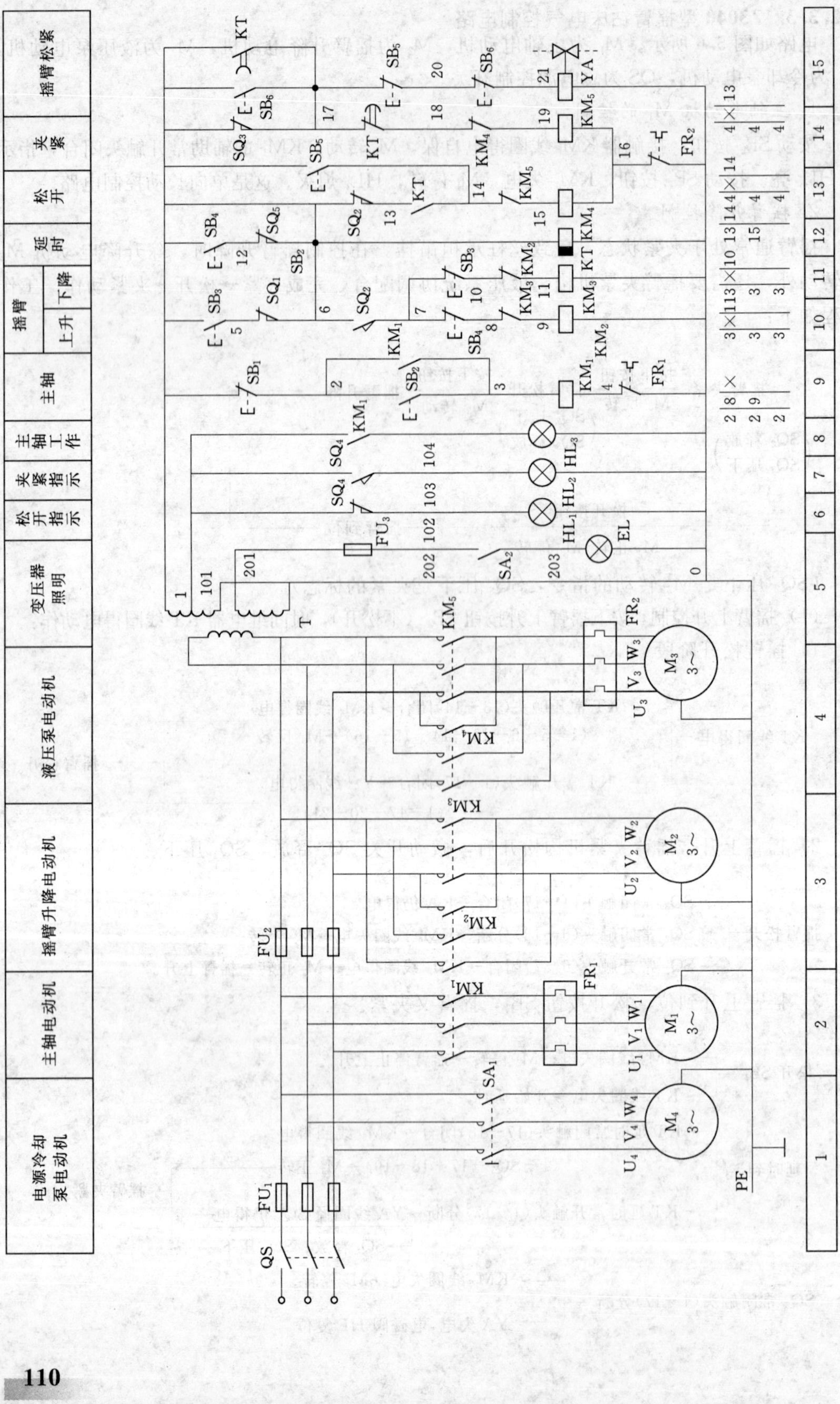

图5.6 Z3040型摇臂钻床电气控制电路

(2) 摇臂下降控制，其工作原理与摇臂上升控制电路相仿，只是要按下按钮 SB_4，请自行分析。

微动开关 SQ_1 和 SQ_5 是摇臂升降限位开关，它们是当摇臂上升或下降到极限位置时被压下，常闭触头分断，使 KM_2 线圈或 KM_3 线圈失电释放，M_2 停转不再带动摇臂升降，防止碰坏机床。

3. 主轴箱、立柱的松开和夹紧

这是由松开按钮 SB_5 和夹紧按钮 SB_6 控制的正反转点动控制电路。现以夹紧机构松开为例，分析电路的工作原理。夹紧机构夹紧的工作原理，请自行分析。

在机构处于夹紧状态时，微动开关 SQ_4 被压下，夹紧指示灯 HL_2 亮。

按动 SB_5→KM_4 线圈得电（1－SB_5－14－15－16）→M_3 反转。由于 SB_5 常闭分断，使 YA 线圈不能得电。

液压油供给主轴箱、立柱两夹紧机构，使之松开；SQ_4 释放，指示灯 HL_1 燃亮，而夹紧指示灯 HL_2 熄灭。松开 SB_5，KM_4 线圈失电释放，M_3 停转。

4. 其他电路

(1) 机床照明及指示灯电路，由变压器 T 提供 380V/36V，6.3V 电压。

(2) 冷却泵电动机 M_4 由转换开关 SA_1 控制单向运转。

(3) 电路具有短路、过载保护。

Z3040 型摇臂钻床电气元件表见表 5.2。

表 5.2　**Z3040 型摇臂钻床电气元件表**

符　号	名称及用途	符　号	名称及用途
M_1	主轴电动机	QS	总电源开关
M_2	摇臂升降电动机	SA_1	冷却泵电动机开关
M_3	液压泵电动机	KT	摇臂升降延时控制时间继电器
M_4	冷却泵电动机	YA	控制液压阀
KM_1	主轴电动机起动接触器	SB_1	主轴电动机停止按钮
KM_2	控制摇臂升降电动机正转接触器	SB_2	主轴电动机起动按钮
KM_3	控制摇臂升降电动机反转接触器	SB_3	摇臂升降电动机正转按钮
KM_4	控制液压泵电动机正转接触器	SB_4	摇臂升降电动机反转按钮
KM_5	控制液压泵电动机反转接触器	SB_5	主轴箱、立柱松开按钮
SQ_1	摇臂上升极限保护行程开关	SB_6	主轴箱、立柱夹紧按钮
SQ_2	摇臂松开行程开关	T	控制变压器
SQ_3	摇臂夹紧行程开关	HL	照明灯泡、指示灯泡
SQ_4	主轴箱、立柱松紧指示行程开关	FR_1	M_1 过载保护热继电器
SQ_5	摇臂下降极限保护行程开关	FR_2	M_3 过载保护热继电器
FU_1	总电源短路保护熔断器		

5.2.4 任务实施　电气控制电路常见故障分析与检修

摇臂钻床电气控制的特殊环节是摇臂升降、立柱和主轴箱的夹紧与松开。Z3040 型摇臂钻床的工作过程是由电气、机械以及液压系统紧密配合实现的。因此，在维修中不仅要注意电气部分能否正常工作，而且也要注意它与机械和液压部分的协调关系。

（1）摇臂不能升降。由摇臂升降过程可知，升降电动机 M_2 旋转，带动摇臂升降，其条件是使摇臂从立柱上完全松开后，活塞杆压合位置开关 SQ2。所以发生故障时，应首先检查位置开关 SQ_2 是否动作，如果 SQ_2 不动作，常见故障是 SQ_2 的安装位置移动或已损坏。这样，摇臂虽已放松，但活塞杆压不上 SQ_2，摇臂就不能升降。有时，液压系统发生故障，使摇臂放松不够，也会压不上 SQ_2，使摇臂不能运动。由此可见，SQ_2 的位置非常重要，排除故障时，应配合机械、液压调整好后紧固。

另外，电动机 M_3 电源相序接反时，按上升按钮 SB_4（或下降按钮 SB_5），M_3 反转，使摇臂夹紧，压不上 SQ_2，摇臂也就不能升降。所以，在钻床大修或安装后，一定要检查电源相序。

（2）摇臂升降后，摇臂夹不紧。由摇臂夹紧的动作过程可知，夹紧动作的结束是由位置开关 SQ_3 来完成的。如果 SQ_3 动作过早，使 M_3 尚未充分夹紧就停转。常见的故障原因是 SQ_3 安装位置不合适，或固定螺丝松动造成 SQ_3 移位，使 SQ_3 在摇臂夹紧动作未完成时就被压上，切断了 KM_5 回路，M_3 停转。

排除故障时，首先判断是液压系统的故障，还是电气系统故障，对电气方面的故障，应重新调整 SQ_3 的动作距离，固定好螺钉即可。

（3）立柱、主轴箱不能夹紧或松开。立柱、主轴箱不能夹紧或松开的可能原因是油路堵塞、接触器 KM_4 或 KM_5 不能吸合所致。出现故障时，应检查按钮 SB_6、SB_7 接线情况是否良好。若接触器 KM_4 或 KM_5 能吸合，M_3 能运转，可排除电气方面的故障，则应请液压、机械修理人员检修油路，以确定是否是油路故障。

（4）摇臂上升或下降限位保护开关失灵。组合开关 SQ_1 的失灵分两种情况：一是组合开关 SQ_1 损坏，SQ_1 触头不能因开关动作而闭合或接触不良使电路断开，由此使摇臂不能上升或下降；二是组合开关 SQ_1 不能动作，触头熔焊，使电路始终处于接通状态，当摇臂上升或下降到极限位置后，摇臂升降电动机 M_2 发生堵转，这时应立即松开 SB_4 或 SB_5。根据上述情况进行分析，找出故障原因，更换或修理失灵的组合开关 SQ_1 即可。

（5）按下 SB_6，立柱、主轴箱能夹紧，但释放后就松开。由于立柱、主轴箱的夹紧和松开机构都采用机械菱形块结构，所以这种故障多为机械原因造成，可找机械维修工检修。

任务 5.3　铣床的电气控制及常见故障分析

铣床可用来加工平面、斜面、沟槽，装上分度盘可以铣切齿轮和螺旋面，装上圆工作台还可以铣切凸轮和弧形槽，因此铣床在机械行业的机床设备中占有相当大的比重，是一种常用的通用机床。

一般中小型铣床都采用三相笼形异步电动机拖动，并且主轴旋转主运动与工作台进给运动分别由单独的电动机拖动。铣床主轴的主运动为刀具的切削运动，有顺铣和逆铣两种加工方式；工作台的进给运动有水平工作台左右（纵向）、前后（横向）以及上下（垂直）方向运动，此外还有圆工作台的回转运动。

5.3.1　技能目标

（1）能读懂铣床电气控制线路。

（2）能够正确分析、排除铣床的电气故障。

5.3.2　知识要点

（1）铣床的主要结构及运动形式。

（2）铣床的电气控制原理。

5.3.3　知识准备

5.3.3.1　铣床的主要结构、运动形式和控制要求

1. 铣床的主要结构

图 5.7 是卧式万能铣床外形结构示意图，主要由底座、床身、悬梁、刀杆支架、升降工作台、溜板及工作台等组成。在刀杆支架上安装有与主轴相连的刀杆和铣刀，以进行切削加工，顺铣时为一转动方向，逆铣时为另一转动方向，床身前面有垂直导轨，升降工作台带动工作台沿垂直导轨上下移动，完成垂直方向的进给。升降工作台上的水平工作台还可在左右（纵向）方向以及横向上移动进给。回转工作台可单向转动。进给电动机经机械传动链传动，通过机械离合器在选定的进给方向驱动工作台移动进给，进给运动的传递示意图如图 5.8 所示。

此外，溜板可绕垂直轴线方向左右旋转 45°，使得工作台还能在倾斜方向进行进给，便于加工螺旋槽。该机床还可安装圆形工作台，以扩展铣削功能。

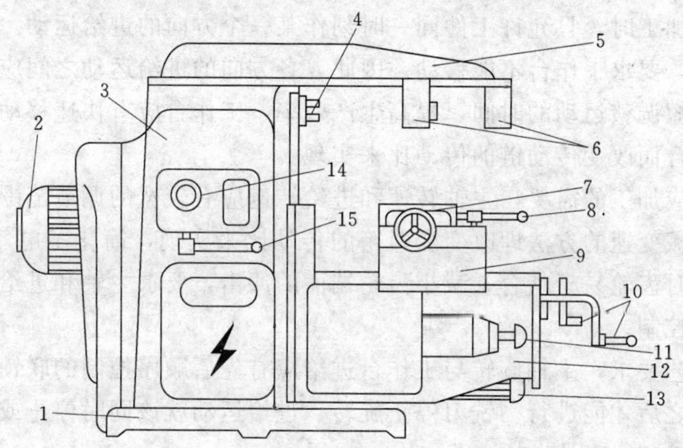

图 5.7　卧式万能铣床外形结构示意图

1—底座；2—主轴电动机；3—床身；4—主轴；5—悬梁；6—刀杆支架；7—工作台；8—工作台左右进给操作手柄；9—溜板；10—工作台前后、上下操作手柄；11—进给变速手柄及变速盘；12—升降工作台；13—进给电动机；14—主轴变速盘；15—主轴变速手柄

2. 铣床的运动形式

卧式万能铣床有 3 种运动形式：

（1）主运动。铣床的主运动是指主轴带动铣刀的旋转运动。

（2）进给运动。铣床的进给运动是指工作台带动工件在上、下、左、右、前和后 6 个

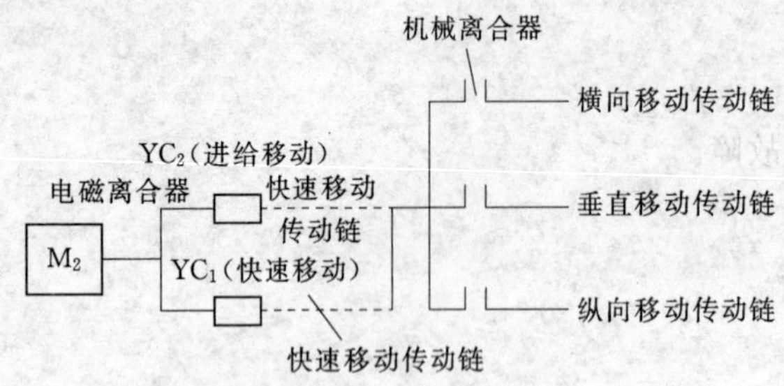

图 5.8 铣床运动传递示意图

方向上的直线运动或圆形工作台的旋转运动。

(3) 辅助运动。铣床的辅助运动是指工作台带动工件在上、下、左、右、前和后6个方向上的快速移动。

3. 铣床的电力拖动特点及控制要求

(1) 由于铣床的主运动和进给运动之间没有严格的速度比例关系，因此铣床采用单独拖动的方式，即主轴的旋转和工作台的进给，分别由两台笼形异步电动机拖动。其中进给电动机与进给箱均安装在升降台上。

(2) 为了满足铣削过程中顺铣和逆铣的加工方式，要求主轴电动机能实现正、反旋转，但这可以根据铣刀的种类，在加工前预先设置主轴电动机的旋转方向，而在加工过程中则不需改变其旋转方向，故采用倒顺开关实现主轴电动机的正反转。

(3) 由于铣刀是一种多刃刀具，其铣削过程是断续的，因此为了减小负载波动对加工质量造成的影响，主轴上装有飞轮。由于其转动惯性较大，因而要求主轴电动机能实现制动停车，以提高工作效率。

(4) 工作台在6个方向上的进给运动，是由进给电动机分别拖动三根进给丝杆来实现的，每根丝杆都应该有正反向旋转，因此要求进给电动机能正反转。为了保证机床、刀具的安全，在铣削加工时，只允许工件同一时刻作某一个方向的进给运动。另外，在用圆工作台进行加工时，要求工作台不能移动。因此，各方向的进给运动之间应有联锁保护。

(5) 为了缩短调整运动的时间，提高生产效率，工作台应有快速移动控制，这里通过快速电磁铁的吸合而改变传动链的传动比来实现。

(6) 为了适应加工的需要，主轴转速和进给转速应有较宽的调节范围，X6ZW型卧式万能铣床采用机械变速的方法即改变变速箱的传动比来实现，简化了电气调速控制电路。为了保证在变速时齿轮易于啮合，减小齿轮端面的冲击，要求主轴和进给电动机变速时都应具有变速冲动控制。

(7) 根据工艺要求，主轴旋转与工作台进给应有先后顺序控制的联锁关系，即进给运动要在铣刀旋转之后才能进行。铣刀停止旋转，进给运动就该同时停止或提前停止，否则易造成工件与铣刀相碰事故。

(8) 为了使操作者能在铣床的正面、侧面方便地进行操作，对主轴电动机的起动、停止以及工作台进给运动的选向和快速移动，设置了多地点控制（两地控制）方案。

(9) 冷却泵电动机用来拖动冷却泵，有时需要对工件、刀具进行冷却润滑，采用主令开关控制其单方向旋转。

5.3.3.2 X62W型万能升降台铣床电气控制电路

万能铣床的电气控制与机械操纵配合得十分紧密，是典型的机械—电气联合动作的控制。其电气原理图如图5.9所示。

1. 电动机的配置情况及其控制

主电路共有3台电动机，M_1 为主轴电动机，M_2 为工作台进给电动机，M_3 为冷却泵电动机。

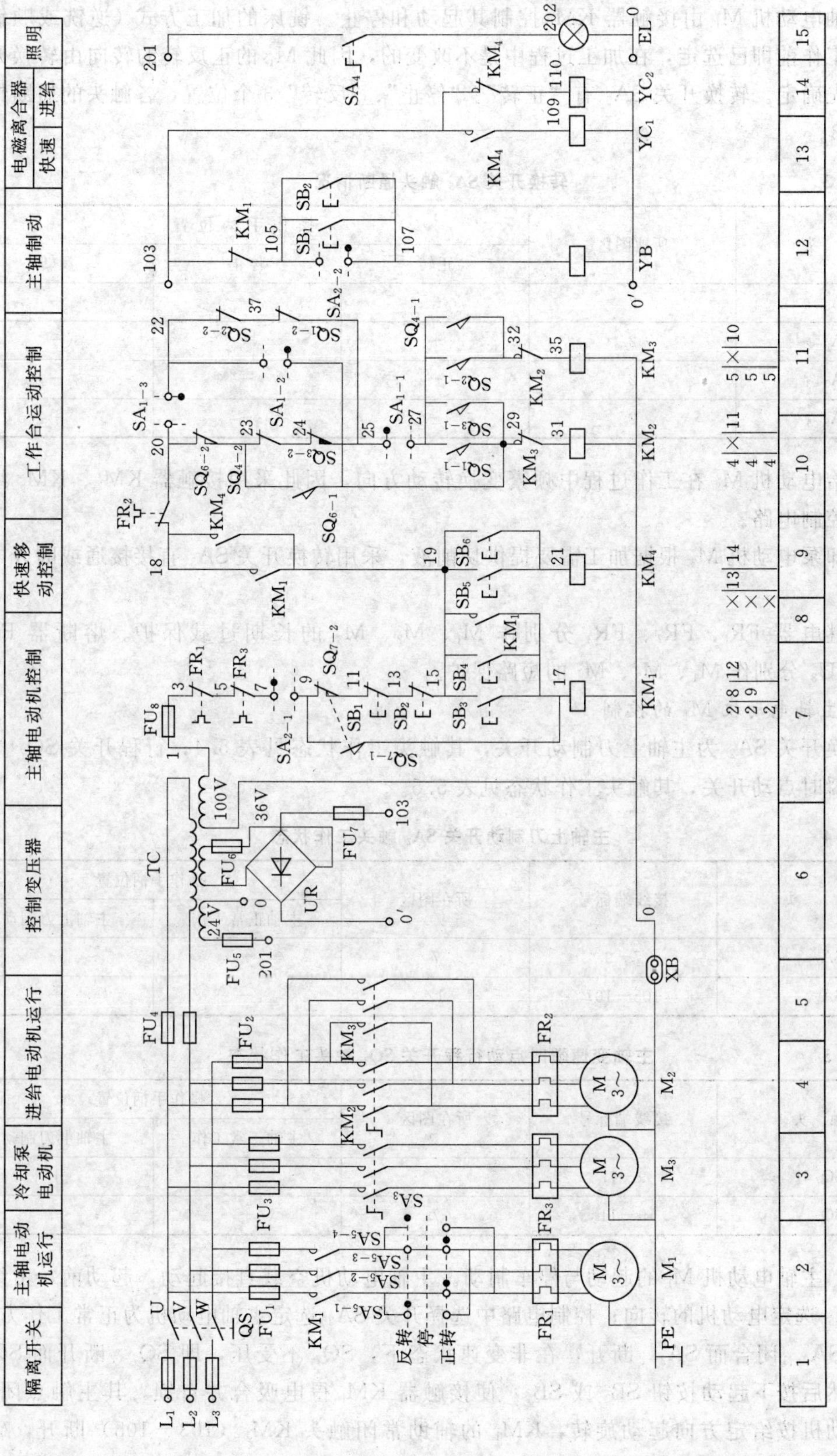

图 5.9　X62W 型万能升降台铣床电气控制电路

主轴电动机 M_1 由接触器 KM_1 控制其起动和停止。铣床的加工方式（逆铣或顺铣），在开始工作前即已选定，在加工过程中是不改变的，因此 M_1 的正反转的转向由转换开关 SA_5 预先确定。转换开关 SA_5 有"正转"、"停止"、"反转"3个位置，各触头的通断情况见表5.3。

表5.3　转换开关 SA_5 触头通断情况

触头	所地图区	操作手柄位置		
		正转	停止	反转
SA_{5-1}	2	—	—	+
SA_{5-2}	2	+	—	—
SA_{5-3}	2	+	—	—
SA_{5-4}	2	—	—	+

进给电动机 M_2 在工作过程中频繁变换转动方向，因此采用接触器 KM_2、KM_3 组成正反转控制电路。

冷却泵电动机 M_3 根据加工需要提供切削液，采用转换开关 SA_3 直接接通或断开电动机电源。

热继电器 FR_1、FR_2、FR_3 分别作 M_1、M_2、M_3 的长期过载保护。熔断器 FU_1、FU_2、FU_3 分别作 M_1、M_2、M_3 的短路保护。

2. 主轴电动机 M_1 的控制

转换开关 SA_2 为主轴上刀制动开关，其触头工作状态见表5.4；行程开关 SQ_7 为主轴变速瞬时点动开关，其触头工作状态见表5.5。

表5.4　主轴上刀制动开关 SA_2 触头工作状态

触头	接线端标号	所在图区	操作手柄位置	
			主轴正常工作	主轴上刀制动
SA_{2-1}	7—9	7	+	—
SA_{2-2}	105—107	12	—	+

表5.5　主轴变速瞬时点动行程开关 SQ_7 触头工作状态

触头	接线端标号	所在图区	操作手柄位置	
			主轴正常工作	主轴上刀制动
SQ_{7-1}	9—17	7	—	+
SQ_{7-2}	9—11	7	+	—

(1) 主轴电动机 M_1 的起动与停车制动。主轴电动机空载直接起动，起动前，由组合开关 SA_5 选定电动机的转向；控制电路中选择开关 SA_2 选定主轴电动机为正常工作方式，即触头 SA_{2-1} 闭合而 SA_{2-2} 断开，在非变速状态下，SQ_7 不受压，即 SQ_{7-1} 断开而 SQ_{7-2} 闭合。然后按下起动按钮 SB_3 或 SB_4，使接触器 KM_1 得电吸合并自锁，其主触点闭合，主轴电动机按给定方向起动旋转，KM_1 的辅助常闭触头 KM_1（103－105）断开，确保YB不能得电，其常开触头 KM_1（18－19）闭合，接通控制电路电源。按下停止按钮 SB_1

或SB_2，主轴电动机停转。SB_3与SB_4、SB_1与SB_2分别位于两个操作板上（一个在工作台上，一个在床身），从而实现主轴电动机的两地操作控制。

为使主轴能迅速停车，控制电路采用电磁制动器YB进行主轴的停车制动。按下停车按钮SB_1或SB_2，其常闭触点SB_1（11－13）或SB_2（13－15）断开，使接触器KM_1失电释放，电动机M_1定子绕组脱离电源，同时其常开触点SB_1（105－107）或SB_2（105－107）闭合，接通电磁制动器YB的线圈电路，对主轴实施停车制动。

这里需要指出的是，停止按钮SB_1或SB_2要按到底，否则电磁制动器YB不能得电，主轴电动机M_1只能实现自然停车。

(2) 主轴电动机M_1换刀制动。当进行换刀和上刀操作时，为了上刀方便并防止主轴意外转动造成事故，主轴也需处在失电停车和制动的状态下。此时工作状态选择开关SA_2由正常工作状态位置扳到上刀制动状态位置，即触点SA_{2-1}断开，切断接触器KM_1线圈电路，使主轴电动机不能起动，触点SA_{2-2}闭合，接通电磁制动器YB的线圈电路，使主轴处于制动状态不能转动，保证上刀换刀工作的顺利进行。

当换刀结束后，将工作状态选择开关SA_2由上刀制动状态扳回到正常工作位置，这时触头SA_{2-1}闭合，触头SA_{2-2}断开，为起动主轴电动机M_1做准备。

(3) 主轴变速冲动的控制。变速时，变速手柄被拉出，然后转动变速手轮选择转速，转速选定后将变速手柄复位。由于变速是通过机械变速机构实现的，变速手轮选定应进入啮合的齿轮后，齿轮啮合到位即可输出选定转速。但是当齿轮没有进入正常啮合状态时，则需要主轴有瞬时点动的功能，以调整齿轮位置，使齿轮进入正常啮合。主轴变速冲动是利用变速操纵手柄与冲动开关SQ_7，通过机械上的联动机构进行点动控制的。主轴变速冲动既可以在停车时变速，也可以在主轴电动机M_1运行时进行变速，只不过在变速完成后，需要重新起动电动机。

具体操作过程为，首先将主轴变速手柄向下压并向外拉出，通过机械联动机构，压动冲动开关SQ_7，其常开触头SQ_{7-1}闭合，使接触器KM_1得电吸合，主轴电动机M_1转动；SQ_7的常闭触头SQ_{7-2}断开，切断KM_1的自锁，使电路随时可被切断。变速手柄复位后，松开冲动开关SQ_7，其常开触头SQ_{7-1}断开，使KM_1失电，电动机停转，完成一次瞬时点动。

当主轴电动机M_1转动时，可以不按停止按钮SB_1或SB_2直接进行变速操作。由于变速手柄向前拉时，压合行程开关SQ_7，SQ_{7-2}首先断开，使接触器KM_1失电释放，并切除KM_1的自锁，然后SQ_{7-1}闭合，接触器KM_1得电吸合，主轴电动机M_1瞬时点动。当变速手柄拉到前面后，行程开关SQ_7复位，M_1失电释放，主轴变速冲动结束。然后应重新按起动按钮SB_3或SB_4，使KM_1得电吸合并自锁，电动机M_1继续转动。

主轴在变速操作时，手柄复位要求迅速、连续，以较快速度将手柄推入啮合位置。由于SQ_7的瞬动是靠手柄上凸轮的一次接触达到的，如果推入动作缓慢，凸轮与SQ_7接触时间延长，便会使主轴电动机转速过高，从而使齿轮啮合不上，甚至损坏齿轮；一次瞬时点动不能实现齿轮良好的啮合时，应立即拉出复位手柄，重新进行复位瞬时点动的操作，直至完全复位，齿轮啮合工作正常。

3. 工作台进给电动机M_2的控制

根据联锁要求，工作台的进给运动需在主轴电动机M_1起动之后才可进行。当接触器

KM_1 得电吸合后，其辅助常开触头 KM_1（18—19）闭合，工作台进给控制电路接通。工作台的上、下、左、右、前、后6个方向的进给运动均由进给电动机 M_2 的正反转拖动实现，M_2 的正反转由正、反转接触器 KM_2 和 KM_3 控制，而 KM_2 和 KM_3 则是由两个操纵机构控制，其中一个为纵向机构操纵手柄，另一个为十字形（垂直与横向）机械操纵手柄。在操纵机械手柄的同时，完成机械挂挡（分别接通三根丝杆）和压下相应的行程开关 SQ_1～SQ_4，从而接通 KM_2 或 KM_3，起动进给电动机 M_2 拖动工作台按预定方向运动。两个机械操纵手柄各有两套，分别安装在工作台的前面和侧面，实现两地控制。

转换开关 SA_1 为工作台选择开关，其触头工作状态见表5.6。根据表5.6可得水平工作台控制电路和圆工作台控制电路。

SQ_1 为工作台向右进给行程开关，SQ_2 为工作台向左进给行程开关。水平工作台纵向进给运动由操作手柄与行程开关 SQ_1、SQ_2 组合控制。纵向操作手柄有左右两个工作位和一个中间不工作位。手柄扳到工作位时（左或右），带动机械离合器，接通纵向进给运动的机械传动链，同时压动行程开关 SQ_1 或 SQ_2，其常开触头 SQ_{1-1}（27—29）或 SQ_{2-1}（27—32）闭合，使接触器 KM_2 或 KM_3 得电吸合，其主触点闭合，进给电动机正转或反转，驱动工作台向左或向右移动进给，行程开关的常闭触点 SQ_{1-2}（37—25）、SQ_{2-2}（22—37）在运动联锁控制电路部分具有联锁控制功能。纵向操作手柄各位置对应的行程开关 SQ_1、SQ_2 的工作状态见表5.7。

表5.6　工作台状态选择开关 SA_1 触头工作状态

触头	接线端标号	所在图区	操作手柄位置	
			接通圆工作台工作	断开圆工作台
SA_{1-1}	25—27	10	—	+
SA_{1-2}	22—29	11	+	—
SA_{1-3}	20—22	11	—	+

表5.7　工作台纵向操作手柄与离合器、纵向进给行程开关 SQ_1、SQ_2 工作状态

触头	左右（纵向）手柄操作位		
	右	中（停止）	左
纵向离合器 YC1	挂上	脱开	挂上
SQ_{1-1}	+	—	—
SQ_{1-2}	—	+	+
SQ_{2-1}	—	—	+
SQ_{2-2}	+	+	—

SQ_3 为工作台向前、向下进给行程开关，SQ_4 为工作台向后、向上进给行程开关。工作台的横向和垂直进给运动由一个十字形操作手柄控制。该手柄共有5个位置，即上、下、前、后和中间零位，在扳动十字形开关操纵手柄时，其联动机构通过机械离合器，可使横向或垂直传动丝杆接通，同时压下行程开关 SQ_3 或 SQ_4。当操作手柄置于中间零位时，进给离合器处于脱开状态，SQ_3 和 SQ_4 都为原始状态，工作台不动作。各工作位置对应的行程开关 SQ_3、SQ_4 的工作状态见表5.8。

表 5.8　工作台横向和垂直操纵手柄与离合器、进给行程开关 SQ_3、SQ_4 的工作状态表

离合器和限位开关	垂直和横向操纵手柄				
	向上	向下	中间（停止）	向后	向前
垂直离合器	脱开	挂上	脱开	脱开	挂上
横向离合器	挂上	脱开	脱开	挂上	脱开
SQ_{3-1}	+	+	−	−	−
SQ_{3-2}	−	−	+	+	+
SQ_{4-1}	−	−	−	+	+
SQ_{4-2}	+	+	+	−	−

SQ_6 为进给变速瞬时点动开关，利用蘑菇形操纵手柄，通过机械上的联动压动 SQ_6，实现进给变速瞬时点动控制。在进给变速时，不允许工作台作任何方向的运动，保证此时 4 个行程开关不动作。SQ_6 的触头工作见表 5.9。

表 5.9　SQ_6 的触头工作表

触 头	接线端标号	所在图区	开关位置	
			正常工作	瞬时点动
SQ_{6-1}	23—29	10	−	+
SQ_{6-2}	20—23	10	+	−

(1) 水平工作台左右（纵向）进给运动的控制。水平工作台左右（纵向）给进运动由水平工作台纵向操作手柄和行程开关组合控制。

起动条件：十字（横向、垂直）操作手柄居中（行程开关 SQ_3、SQ_4 不受压）；控制圆工作台的选择开关 SA_2 置于“断开”圆工作台位置；SQ_6 置于正常工作位置（不受压）；主轴电动机 M_1 已起动，即接触器 KM_1 得电吸合并自锁，其辅助动合触头 KM_1（18—19）闭合，接通控制电路电源。

当纵向操纵手柄扳向“右”位置时，其联动机械通过机械离合器，使纵向传动丝杆接通，同时压下行程开关 SQ_1，其常开触头 SQ_{1-1} 闭合，使接触器 KM_2 得电吸合，其通路为 SQ_{6-2}→SQ_{4-2}→SQ_{3-2}→SA_{1-1}→SQ_{1-1}→KM_3（29—31）→KM_2 线圈，进给电动机 M_2 正向起动旋转，拖动工作台向右移动，KM_2 的辅助常闭触头 KM_2（32—35）断开，确保 KM_3 不能得电。SQ_{1-2} 断开，切开横向和垂直进给运动联锁电路。

同理，当操纵手柄扳向“左”位置时，其联动机构仍然通过机械离合器接通纵向传动丝杆，并压下行程开关 SQ_2，其常开触头 SQ_{2-1} 闭合，使接触器 KM_3 得电吸合，其通路为 SQ_{6-2}→SQ_{4-2}→SQ_{3-2}→SA_{1-1}→SQ_{2-1}→KM_2（32—35）→KM_3 线圈，进给电动机反向起动旋转，拖动工作台向左进给，KM_3 的辅助常闭触头 KM_3（29—31）断开，确保 KM_2 不能得电，SQ_2 的常闭触头 SQ_{2-2} 断开，切开横向和垂直进给运动的联动电路。

手柄扳到中间位时，纵向机械离合器脱开，行程开关 SQ_1 与 SQ_2 不受压复位，接触器 KM_2、KM_3 均处于失电状态，因此进给电动机不转动，工作台停止移动。工作台的两端安装有限位撞块，当工作台运行到达终点位置时，撞块撞击手柄，使其回到中间位置，实现工作台的终点停车。

工作台纵向进给过程的电器动作顺序表示如下：

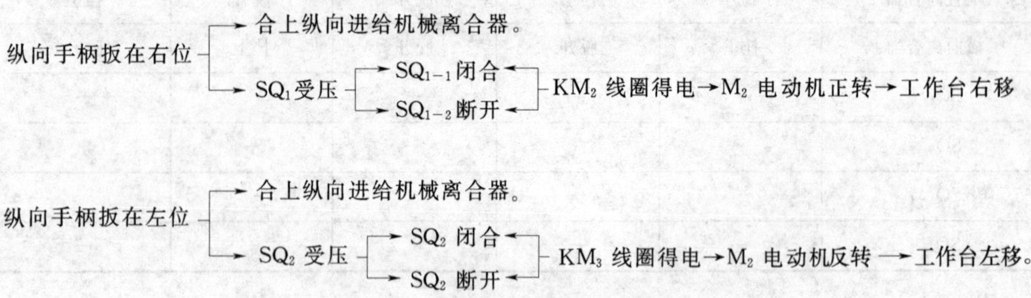

（2）水平工作台横向和垂直进给运动控制。水平工作台横向和垂直进给运动是通过十字复式手柄进行的，十字复式操作手柄有上、下、前、后4个工作位置和1个中间不工作位置。扳动手柄到选定运动方向的工作位，即可接通该运动方向的机械传动链，同时压动行程开关SQ_3或SQ_4，行程开关的常开触头闭合使控制进给电动机工作的接触器KM_2或KM_3得电吸合，电动机M_2转动，工作台在相应的方向上移动；行程开关的常闭触头如纵向行程开关一样，在电路中，构成运动的联锁控制。

起动条件：左、右（纵向）操作手柄居中（SQ_1、SQ_2不受压），控制圆工作台选择开关SA_2置于“断开”圆工作台位置；SQ_6置于正常工作位置（不受压），主电动机M_1已起动（接触器KM_1得电吸合）。

工作台向上和向后的进给运动控制。工作台向上和向后运动的电气控制电路相同，仅是机械离合器接通的传动丝杆不同。将十字形手柄扳置“向上”（或“向后”）位置时，联动机构通过机械离合器，使垂直（或横向）传动丝杆接通，同时压下行程开关SQ4，其常开触头SQ_{4-1}闭合，使KM_3得电吸合，其通路为SA_{1-3}→SQ_{2-2}→SQ_{1-2}→SA_{1-1}→SQ_{4-1}→KM_2（32－35）→KM_3线圈，进给电动机M_2反向起动旋转，工作台在向上（或向后）的方向上作进给运动，KM_3的辅助常闭触头KM_3（29－31）断开，确保KM_2不能得电。SQ_4的常闭触头SQ_{4-2}（10）断开，切断纵向进给联锁电路。

工作台向下和向前的进给运动控制。工作台向下和向前进给运动与工作台向上和向后进给运行的电气控制电路相同，仅是机械离合器接通的传动丝杆不同。将十字形手柄扳向“下”（或“前”）位置时，联动机构通过机械离合器，使垂直（或横向）传动丝杆接通，同时压下行程开关SQ_3，其常闭触头SQ_{3-2}断开，常开触头SQ_{3-1}闭合，使接触器KM_2得电吸合，进给电动机M_2正向起动旋转，工作台在向下（或向前）的方向上作进给运动。

十字复式操作手柄扳在中间位置时，横向与垂直方向的机械离合器脱开，行程开关SQ_3与SQ_4均不受压，因此进给电动机停转，工作台停止移动。工作台的上、下、前、后4个方向的进给运动都有终端限位保护，当工作台运动到极限位置时，通过固定在床身上的挡铁撞击十字形手柄，使其回到中间位置，切断电路，使工作台在进给终点停车，工作台停止原来的进给运动。

工作台横向与垂直方向进给过程的电器动作顺序表示如下：

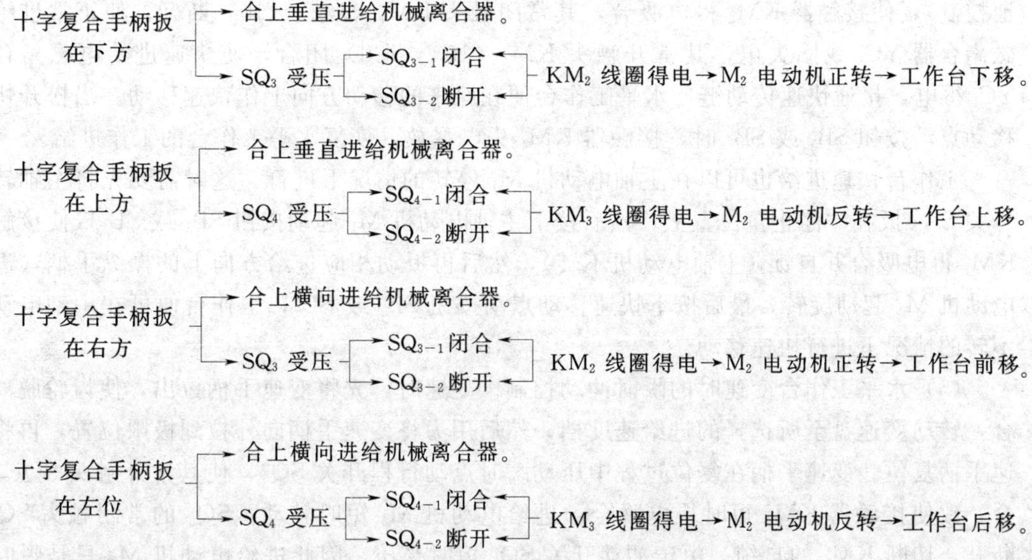

现将水平工作台在 6 个方向上的进给动作归纳成表见表 5.10。

表 5.10　　工作台运动及操纵手柄位置表

手柄位置		工作台运动方向	离合器接通的丝杆	行程开关	动作的接触器	运转的电动机	工作台运行方向
纵向手柄	左	和左进给	纵向	SQ_2	KM_3	反	左
	右	向右进给	纵向	SQ_1	KM_2	正	右
	中	停止	—	—	—	—	—
十字形手柄	向上	向上进给（或快速向上）	垂直丝杆	SQ_4	KM_3	反	上
	向下	向下进给（或快速向下）	垂直丝杆	SQ_3	KM_2	正	下
	向前	向前进给（或快速向前）	横向丝杆	SQ_3	KM_2	正	前
	向后	向后进给（或快速向后）	横向丝杆	SQ_4	KM_3	反	后
	中间	垂直（或横向进给停止）	—	—	—	—	—

(3) 水平工作台进给运动的联锁控制。由于操作手柄在工作时只存在一种运动选择，因此，只要铣床直线进给运动之间的联锁满足两操作手柄之间的联锁即可实现。联锁控制电路由两条电路并联组成，纵向操作手柄控制的行程开关 SQ_1、SQ_2 的常闭触头 SQ_{1-2} 或 SQ_{2-2} 串联在一条支路上，十字复合手柄控制的行程开关 SQ_3、SQ_4 常闭触头 SQ_{3-2}、SQ_{4-2} 串联在另一条支路上。扳动任一操作手柄，只能切断其中一条支路，另一条支路仍能正常得电，使接触器 KM_2 或 KM_3 不失电；若同时扳动两个操作手柄，则两条支路均被切断，接触器 KM_2 或 KM_3 都失电，工作台立即停止移动，从而防止机床设备事故。

(4) 水平工作台快速移动的控制。铣床工作台除能实现进给运动外，还可通过电磁离合器接通快速机械传动链，实现纵向、横向和垂直方向的快速移动。其工作原理如图 5.9

所示。快速移动为手动控制，在慢速移动过程中，按下快速移动点动按钮 SB_5 或 SB_6（两地控制），使接触器 KM_4 得电吸合，其常闭触头 KM_4（103－110）断开，使正常进给电磁离合器 YC_2 线圈失电，其常开触头 KM_4（103－109）闭合，使快速进给电磁离合器 YC_1 得电，接通快速传动链，水平工作台便在原来的移动方向上作快速移动。当松开快速移动点动按钮 SB_5 或 SB_6 时，接触器 KM_4 失电释放，恢复水平工作台的工作进给。

工作台快速进给也可以在主轴电动机 M_1 停转的情况下进行，这时需要先将主轴转换开关 SA_5 扳在“停止”位置上，然后按下主轴电动机 M_1 起动按钮 SB_3 或 SB_4，使接触器 KM_1 得电吸合并自锁（主轴电动机不转），然后再扳动相应进给方向上的操纵手柄，进给电动机 M_2 起动旋转，最后按下快速移动点动按钮 SB_5 或 SB_6，工作台便可在主轴电动机不转的情况下进行快速移动。

（5）水平工作台变速时的瞬时冲动控制。变速时，先将变速手柄拉出，使齿轮脱离啮合，转动变速盘至所选择的进给速度挡，然后用力将变速手柄向外拉到极限位置，再将变速手柄复位。变速手柄在复位过程中压动瞬时点动行程开关 SQ_6，使其常开触头 SQ_{6-1} 闭合，致使接触器 KM_2 短时得电吸合，进给电动机 M_2 短时转动；SQ_6 的常闭触头 SQ_{6-2} 断开，切断 KM_2 的自锁。由于冲动开关 SQ_6 短时受压，因此进给电动机 M_2 只是瞬时转动一下，从而拖动进给变速机构瞬动，变速冲动过程到此结束。

（6）圆工作台进给运动的控制。为了扩大机床加工能力，可在水平工作台上安装圆工作台。

起动条件：圆工作台选择开关置于“接通”位置、左右（纵向）和十字形（横向、垂直）操纵手柄置于中间零位（行程开关 SQ_1～SQ_4 均未受压，处于原始状态）；SQ_6 置于正常工作位置。

圆工作台只作单方向运转。按下起动按钮 SB_3 或 SB_4，接触器 KM_1 得电吸合并自锁，主轴电动机 M_1 起动旋转，KM_1 的辅助常开触头 KM_1（18－19）闭合，接通控制电路电源，并使 KM_2 得电吸合，其通路为 $SQ_{6-2} \rightarrow SQ_{4-2} \rightarrow SQ_{3-2} \rightarrow SQ_{1-2} \rightarrow SQ_{2-2} \rightarrow SA_{1-2} \rightarrow KM_3$（29－31）$\rightarrow KM_2$ 线圈，KM_2 主触头闭合，使进给电动机 M_2 正转，并经传动机构带动圆工作台作单向回转运动。由于接触器 KM_3 无法得电，因此圆工作台不能实现正反向回转。

若要圆工作台停止工作，则只需按下主轴停止按钮 SB_1 或 SB_2，此时接触器 KM_1、KM_2 相继失电释放，电动机 M_2 停转，圆工作台停止回转。

（7）圆工作台和水平工作台6个进给运动间的联锁。圆工作台工作时，不允许机床工作台在纵、横、垂直方向上有任何移动。工作台转换开关 SA_1 扳到接通“圆工作台”位置时，SA_{1-1}、SA_{1-3} 切断了机床工作台的进给控制回路，使机床工作台不能在纵、横、垂直方向上做进给运动。圆工作台的控制电路中还串联了 SQ_{1-2}、SQ_{2-2}、SQ_{3-2}、SQ_{4-2} 常闭触头，因此扳动工作台任一方向进给手柄，都将使圆工作台停止转动，实现了圆工作台和机床工作台纵向、横向及垂直方向运动的联锁控制。

4. 冷却泵电动机的控制和照明电路

由转换开关 SA_3 控制冷却泵电动机 M_3 的起动和停止。

机床的局部照明由变压器 T_2 输出36V安全电压，照明灯EL由开关 SA_4 控制。

X62W型万能铣床电气元件明细表见表5.11。

表 5.11 X62W 型万能铣床电气元件明细表

符号	名称及用途	符号	名称及用途
M_1	主轴电动机	SA_4	照明灯开关
M_2	进给电动机	SA_5	主轴换向开关
M_3	冷却泵电动机	QS	电源隔离开关
KM_1	主电动机起动接触器	SB_1、SB_2	主轴停止按钮
KM_2	进给电动机正转接触器	SB_3、SB_4	主轴起动按钮
KM_3	进给电动机反转接触器	SB_5、SB_6	工作台快速移动按钮
KM_4	快速移动接触器	FR_1	主轴电动机热继电器
SQ_1	工作台向右进给行程开关	FR_2	进给电动机热继电器
SQ_2	工作台向左进给行程开关	FR_3	冷却泵电动机热继电器
SQ_3	工作台向前、向下进给行程开关	FU_1～FU_8	熔断器
SQ_4	工作台向后、向上进给行程开关	TC	变压器
SQ_6	进给变速瞬时点动开关	UR	整流器
SQ_7	主轴变速瞬时点动开关	YB	主轴制动电磁制动器
SA_1	工作台转换开关	YC_1	电磁离合器（快速传动链）
SA_2	主轴上刀制动开关	YC_2	电磁离合器（工作传动链）
SA_3	冷却泵开关		

5.3.4 任务实施 电气控制电路常见故障分析与检修

1. 主轴电动机 M_1 不能起动

这种故障分析和前面有关的机床故障分析类似，首先检查各开关是否处于正常工作位置。然后检查三相电源、熔断器、热继电器的常闭触头、两地启停按钮以及接触器 KM_1 的情况，看有无电器损坏、接线脱落、接触不良、线圈断路等现象。另外，还应检查主轴变速冲动开关 SQ_7，因为由于开关位置移动甚至撞坏，或常闭触头 SQ_{7-2} 接触不良而引起电路的故障也不少见。

2. 工作台各个方向都不能进给

铣床工作台的进给运动是通过进给电动机 M_2 的正反转配合机械传动来实现的。若各个方向都不能进给，多是因为进给电动机 M_2 不能起动所引起的。检修故障时，首先检查圆工作台的控制开关 SA_1 是否在“断开”位置。若没问题，接着检查控制主轴电动机的接触器 KM_1 是否已吸合动作。因为只有接触器 KM_1 吸合后，控制进给电动机 M_2 的接触器 KM_2、KM_3 才能得电。如果接触器 KM_1 不能得电，则表明控制回路电源有故障，可检测控制变压器 TC 一次侧、二次侧线圈和电源电压是否正常，熔断器是否熔断。待电压正常，接触器 KM_1 吸合，主轴旋转后，若各个方向仍无进给运动，可扳动进给手柄至各个运动方向，观察其相关的接触器是否吸合，若吸合，则表明故障发生在主回路和进给电动机上，常见的故障有接触器主触头接触不良、主触头脱落、机械卡死、电动机接线脱落和电动机绕组断路等。除此以外，由于经常扳动操作手柄，开关受到冲击，使位置开关 SQ_1、SQ_2、SQ_3、SQ_4 的位置发生变动或被撞坏，使电路处于断开状态。变速冲动开关 SQ_{6-2} 在复位时不能闭合接通，或接触不良，也会使工作台没有进给。

3. 工作台能向左、右进给，不能向前、后、上、下进给

铣床控制工作台各个方向的开关是互相联锁的，使之只有一个方向的运动。因此这种故障的原因可能是控制左右进给的位置开关 SQ_1 或 SQ_2 由于经常被压合，使螺钉松动、开关移位、触头接触不良、开关机构卡住等，使电路断开或开关不能复位闭合，电路 22—37 或 25—37 断开。这样当操作工作台向前、后、上、下运动时，位置开关 SQ_{4-2} 或 SQ_{3-2} 也被压开，切断了进给接触器 KM_2、KM_3 的通路，造成工作台只能左、右运动，而不能前、后、上、下运动。

检修故障时，用万用表欧姆挡测量 SQ_{2-2} 或 SQ_{1-2} 的接触导通情况，查找故障部位，修理或更换元件，就可排除故障。注意在测量 SQ_{2-2} 或 SQ_{1-2} 的接通情况时，应操纵前后上下进给手柄，使 SQ_{3-2} 或 SQ_{4-2} 断开，否则通过 19—18—20—23—24—25—37—22 的导通，会误认为 SQ_{2-2} 或 SQ_{1-2} 接触良好。

4. 工作台能向前、后、上、下进给，不能向左、右进给

出现这种故障的原因及排除方法可参照上例说明进行分析，不过故障元件可能是位置开关的常闭触头 SQ_{3-2} 或 SQ_{4-2}。

5. 工作台不能快速移动，主轴制动失灵

这种故障往往是电磁离合器工作不正常所致。首先应检查接线有无松脱，整流变压器 TC、熔断器 FU_6、FU_7 的工作是否正常，整流器中的 4 个整流二极管是否损坏，若有二极管损坏，将导致输出直流电压偏低，吸力不够。其次，电磁离合器线圈是用环氧树脂粘合在电磁离合器的套筒内，散热条件差，易发热而烧毁。另外，由于离合器的动摩擦片和静摩擦片经常摩擦，因此它们是易损件，检修时也不可忽视这些问题。

6. 变速时不能冲动控制

这种故障多数是由于冲动位置开关 SQ_7 或 SQ_6 经常受到频繁冲击，使开关位置改变(压不上开关)，甚至开关底座被撞坏或接触不良，使电路断开，从而造成主轴电动机 M_1 或进给电动机 M_2 不能瞬时点动。出现这种故障时，修理或更换开关，并调整好开关的动作距离，即可恢复冲动控制。